5 일 만 에 끝 내 는

미적분학 1

김경률 지음

도서출판 계승

머리말

대학수학에서 미적분학의 위상은 절대적이다. '대학수학'이 사실상 '미적분학'의 동의어가 되어 버린 것만 보아도 알 수 있다. 미적분학이 대학수학에서 이렇게 확고부동한 위치를 차지하고 있는 이유는 미적분학이 '매뉴얼'을 제공하기 때문이다. 대학에서의 수학은 여러 전공에서 필요로 하는 수학적 도구를 제공하는 데 초점이 맞추어져 있다. 그러니 다양한 상황에 널리 적용될 수 있는 '매뉴얼'을 제공하는 미적분학이 대학수학의 핵심이 된 것은 어찌 보면 필연적이다.

미적분학이 없던 과거, 곡선의 길이, 영역의 넓이나 부피 등을 구하는 문제는 하나하나가 굵직한 수학의 문제였다. 그래서 이러한 문제를 하나라도 해결하는 것은 역사에 길이 남는 큰 발견이었다. 아르키메데스는 원기둥에 내접하는 구의 부피가 원기둥의 부피의 2/3라는 사실을 발견하고 원기둥에 내접하는 구를 묘비에 새겨 달라고 할 정도였다. 또, 미적분학의 역사를 보면 이름이 붙은 곡선이 수없이 많은데, 이는 시답지 않아 보이는 곡선도 한때는 그 성질을 밝히는 것이 수학의 중요한 과제였음을 보여 준다.

그러나 미적분학이 있는 지금은, 이렇듯 천재들이 일생을 바쳐 씨름한 문제를 누구나 종이에 조금 끄적거리는 것만으로 풀 수 있다. 미적분학이 최대값과 최소값, 근사값, 접선, 곡선의 길이, 영역의 넓이나 부피 등을 구하는 일률적인 '매뉴얼'을 제공하기 때문이다. 수백 년 전이었으면 수학의 중요한 과제였을 문제를 미적분학이 한낱 계산 문제로 전락시킨 것이다. 미적분학의 진정한 위력은, 바로 이렇듯 천재만이 손댈 수 있었던 문제를 범인들이 어떻게 해볼 수 있는 영역으로 끌어내린 데 있다. 이처럼 수많은 문제의 '매뉴얼'을 제공한 미적분학이기에 인류 지성사의 꽃이라 하고 수많은 사람들에게 가르치는 것이다.

미적분학을 공부하는 가장 큰 목적은 이러한 '매뉴얼'을 익혀 미적분학이 아니었으면 손도 대지 못했을 수많은 문제를 손쉽게 해결하는 도구를 손에 넣는 것이다. 안타까운 것은 마땅히 쉽게 공부해야 할 미적분학을 어렵게 생각하는 이들이 많다는 것이다. 널리 쓰이는 외국의 미적분학 교재들이 과욕으로 공부하려는 이들을 질리게 하기 때문이다. 미적분학의 원리에 대한 심도 있는 설명, 다채롭고 화려한 그림, 컴퓨터 소프트웨어의

활용, 역사적인 배경······. 그러나 너무 많은 것을 담으려 하면 아무것도 담지 못하는 법이다. 이 책은 '매뉴얼'을 익힌다는 목적에 충실하게 미적분학을 공부할 수 있도록 만들어졌다. 이 책은 각 상황에서 미적분학이 제시하는 '매뉴얼'을 명확하게 확인하고 적용해 볼 수 있도록 하고, 반복적인 훈련을 통하여 이를 몸에 익힐 수 있게 하였다.

이 책으로 미적분학이 수많은 문제를 풀 수 있게 하는 '매뉴얼'임을, 그래서 역사에 손꼽는 인류의 위대한 발견임을 느껴 볼 수 있기를 고대한다. 이 책으로 공부하는 모든 이들이 미적분학의 달인이 되기를 바라 마지않는다.

2021년 10월
김경률

차 례

CHAPTER

미분법

1.1. 다항함수의 미분법

함수 가운데 가장 기본적인 것은 다항함수이다. 다항함수의 미분법은 다음과 같다.

다항함수의 미분법

x^n 과 상수함수의 미분법

$$(x^n)' = nx^{n-1}$$
$$(c)' = 0 \ (단, c는 상수)$$

합, 차와 실수배의 미분법

$$(f(x) \pm g(x))' = f'(x) \pm g'(x)$$
$$(cf(x))' = cf'(x) \ (단, c는 상수)$$

예제 1. 함수 $y = x^3 - 4x^2 + 3x + 5$ 를 미분하라.

$\boxed{풀이}$

$$y' = (x^3)' - 4(x^2)' + 3(x)' + (5)' = 3x^2 - 4 \cdot 2x + 3 \cdot 1 + 0 = 3x^2 - 8x + 3$$

♣ 확인 문제

다음 함수를 미분하라.

1. $y = -2x + 11$

2. $y = x^2 - 3x + 4$

3. $y = x^{12} - 3x^5 + 1$

4. $y = -\dfrac{1}{5}x^{10} + \dfrac{1}{2}x^3 - 7$

여러 함수의 곱으로 된 함수를 미분할 때에는 **곱의 미분법**을 쓴다. 한편, 함수 $f(x)^n$ 을 곱의 미분법으로 미분하기는 번거로우므로 공식을 쓴다.

곱의 미분법

곱의 미분법

$$(f(x)g(x))' = f'(x)g(x) + f(x)g'(x)$$
$$(f(x)g(x)h(x))' = f'(x)g(x)h(x) + f(x)g'(x)h(x) + f(x)g(x)h'(x)$$

$f(x)^n$ 의 미분법

$$(f(x)^n)' = nf(x)^{n-1}f'(x)$$

조언 1   넷 이상의 다항함수의 곱으로 된 다항함수도 앞의 함수부터 하나씩 미분하여 더하면 된다.

조언 2 $f(x)^n$ 의 미분법은 $f(x)$ 를 한 문자로 보고 $f(x)^n$ 을 미분한 다음, 여기에 한 문자로 본 $f(x)$ 를 미분한 함수 $f'(x)$ 를 곱한다고 기억하면 된다.

예제 2. 함수 $y = (2x+1)^3(x^2+x-1)^5$ 을 미분하라.

풀이

$$
\begin{aligned}
y' &= ((2x+1)^3)'(x^2+x-1)^5 + (2x+1)^3((x^2+x-1)^5)' \\
&= 3(2x+1)^2(2x+1)' \cdot (x^2+x-1)^5 + (2x+1)^3 \cdot 5(x^2+x-1)^4(x^2+x-1)' \\
&= 3(2x+1)^2 \cdot 2 \cdot (x^2+x+1)^5 + (2x+1)^3 \cdot 5(x^2+x-1)^4(2x+1) \\
&= 6(2x+1)^2(x^2+x-1)^5 + 5(2x+1)^4(x^2+x-1)^4
\end{aligned}
$$

♣ 확인 문제

다음 함수를 미분하라.

1. $y = (3x+1)(2x-3)$

2. $y = (x^2+1)(2x+1)(x-1)$

3. $y = (x+2)^2(3x-4)$

4. $y = (-2x^2+3x-1)^6$

1.1 연습문제

다음 함수를 미분하라.

1. $y = 2x^2 - 3x - 2$

2. $y = x^3 - x^2 + 1$

3. $y = -4x^3 - 3x^2 + 6x - 1$

4. $y = 2x^4 - 3x^3 + 5$

5. $y = 5x^4 - x^2 + 2$

6. $y = 3x^4 - 5x^3 + 2x^2 - 7$

7. $y = 7x^5 - 8x^2 + 5x$

8. $y = (x + 1)(x^2 - 2x - 3)$

9. $y = (2x - 4)(3x^2 + 4x - 1)$

10. $y = (2x - 3)(x^3 - x^2 + 4x + 3)$

11. $y = (x^2 + 2)(x - 1)$

12. $y = (x^2 - x - 1)(x^3 - x^2 + 1)$

13. $y = x(x + 1)(x + 2)$

14. $y = (-x + 1)(3x + 2)(-4x^2 + 1)$

15. $y = (2x + 1)^{10}$

16. $y = (2x^2 - 2)^5$

17. $y = (x^2 - x + 3)^5$

18. $y = (-3x^2 + x - 1)^4$

19. $y = (-2x^2 + x + 1)^5$

20. $y = (x - 1)^2(4x - 6)$

1.2. 유 · 무리함수의 미분법

유리함수는 다항함수의 몫으로 된 함수이다. 두 함수의 몫으로 된 함수를 미분할 때에는 **몫의 미분법**을 쓴다.

몫의 미분법

$$\left(\frac{f(x)}{g(x)}\right)' = \frac{f'(x)g(x) - f(x)g'(x)}{g(x)^2}$$

조언   몫의 미분법의 분자는 곱의 미분법과 비슷하지만 가운데 부호가 + 가 아니라 − 임에 주의하여야 한다.

예제 1. 함수 $y = \dfrac{x^3}{(x+1)^2}$ 을 미분하라.

풀이

$$y' = \frac{(x^3)'(x+1)^2 - x^3((x+1)^2)'}{((x+1)^2)^2} = \frac{3x^2(x+1)^2 - x^3 \cdot 2(x+1)}{(x+1)^4} = \frac{x^2(x+3)}{(x+1)^3}$$

♣ **확인 문제**

다음 함수를 미분하라.

1. $y = \dfrac{4x^3 + x - 1}{x^2}$

2. $y = \dfrac{1-x}{x^2+2}$

3. $y = \dfrac{1}{(x^2 - 3x)^5}$

4. $y = \dfrac{(x+1)^2}{(2x+1)^3}$

다항함수의 미분에 핵심적인 공식 $(x^n)' = nx^{n-1}$ 은 n이 임의의 실수일 때에도 성립한다. 따라서 이를 써서 무리함수를 미분할 수 있다.

무리함수의 미분법

$$
\begin{aligned}
(x^c)' &= cx^{c-1} \ (\text{단, } c \text{는 실수}) \\
(f(x)^c)' &= cf(x)^{c-1}f'(x)
\end{aligned}
$$

조언 1 $\sqrt[3]{x}$, $\sqrt[3]{f(x)}$ 는 $x^{1/3}$, $f(x)^{1/3}$ 으로 바꾸어 위 미분법을 적용하면 된다. 다만, $\sqrt{x}$, $\sqrt{f(x)}$ 는 빈번하게 등장하므로 매번 $x^{1/2}$, $f(x)^{1/2}$ 으로 바꾸기보다

$$
(\sqrt{x})' = \frac{1}{2\sqrt{x}}, \qquad \left(\sqrt{f(x)}\right)' = \frac{1}{2\sqrt{f(x)}} \cdot f'(x)
$$

라고 기억하는 것이 좋다.

조언 2 $f(x)^c$ 의 미분법도 $f(x)$ 를 한 문자로 보고 $f(x)^c$ 을 미분한 다음, 여기에 한 문자로 본 $f(x)$ 를 미분한 함수 $f'(x)$ 를 곱한다고 기억하면 된다.

예제 2. 함수 $y = \dfrac{3-2x}{\sqrt{x^2+1}}$ 를 미분하라.

풀이
$$
\begin{aligned}
y' &= \frac{(3-2x)'\sqrt{x^2+1} - (3-2x)\left(\sqrt{x^2+1}\right)'}{\left(\sqrt{x^2+1}\right)^2} \\
&= \frac{(-2)\sqrt{x^2+1} - (3-2x)\cdot\frac{1}{2\sqrt{x^2+1}}\cdot(x^2+1)'}{x^2+1} \\
&= \frac{-2\sqrt{x^2+1} - \frac{x(3-2x)}{\sqrt{x^2+1}}}{x^2+1} = -\frac{3x+2}{(x^2+1)\sqrt{x^2+1}}
\end{aligned}
$$

♣ 확인 문제

다음 함수를 미분하라.

1. $y = (x+2)\sqrt{x-2}$

2. $y = \dfrac{2x+1}{\sqrt{4x-3}}$

3. $y = (x^2+1)\sqrt{1-x}$

4. $y = \dfrac{x}{x+\sqrt{1+x^2}}$

1.2   연습문제

다음 함수를 미분하라.

1. $y = \dfrac{2x+5}{3x+1}$

2. $y = \dfrac{x^2}{x+1}$

3. $y = \dfrac{1}{x^2-x+1}$

4. $y = \dfrac{1}{(2x+1)^2}$

5. $y = \dfrac{1}{(x^2+1)^3}$

6. $y = \left(\dfrac{x}{x^2+1}\right)^3$

7. $y = \left(x+\dfrac{1}{x}\right)^7$

8. $y = \sqrt{2}x + \sqrt{3x}$

9. $y = x^{5/3} - x^{2/3}$

10. $y = \sqrt{3x^2+1}$

11. $y = x + \sqrt{4-x^2}$

12. $y = \sqrt[3]{x^2+1}$

13. $y = \sqrt[3]{(x^2+2)^2}$

14. $y = (x-1)\sqrt{x}$

15. $y = x\sqrt{x+1} + \sqrt{x-1}$

16. $y = \dfrac{2x}{2+\sqrt{x}}$

17. $y = \dfrac{x+1}{\sqrt{x^2+1}}$

18. $y = \dfrac{x\sqrt{2x-1}}{(x+1)^2}$

1.3.   삼각함수의 미분법

삼각함수의 미분법은 다음과 같다.

삼각함수의 미분법

삼각함수의 미분법	복잡한 삼각함수의 미분법
$(\sin x)' = \cos x$	$(\sin f(x))' = \cos f(x) \cdot f'(x)$
$(\cos x)' = -\sin x$	$(\cos f(x))' = -\sin f(x) \cdot f'(x)$
$(\tan x)' = \sec^2 x$	$(\tan f(x))' = \sec^2 f(x) \cdot f'(x)$
$(\csc x)' = -\csc x \cot x$	$(\csc f(x))' = -\csc f(x) \cot f(x) \cdot f'(x)$
$(\sec x)' = \sec x \tan x$	$(\sec f(x))' = \sec f(x) \tan f(x) \cdot f'(x)$
$(\cot x)' = -\csc^2 x$	$(\cot f(x))' = -\csc^2 f(x) \cdot f'(x)$

조언   복잡한 삼각함수의 미분법도 $f(x)$를 한 문자로 보고 미분한 다음, 여기에 한 문자로 본 $f(x)$를 미분한 함수 $f'(x)$를 곱한다고 기억하면 된다.

예제 1. 함수 $y = \sin 2x \cos 2x$를 미분하라.

풀이
$$
\begin{aligned}
y' &= (\sin 2x)'(\cos 2x) + (\sin 2x)(\cos 2x)' \\
&= \cos 2x \cdot (2x)'(\cos 2x) + (\sin 2x)(-\sin 2x) \cdot (2x)' \\
&= 2\cos^2 2x - 2\sin^2 2x
\end{aligned}
$$

♣ 확인 문제

다음 함수를 미분하라.

1. $y = 4\sin 3x - x$

2. $y = \tan \sqrt{x^2 + 1}$

3. $y = \dfrac{1}{\sin 4x}$

4. $y = x \cos 5x^2$

5. $y = \sin 3x \sec 3x$

6. $y = \dfrac{\sin x^2}{x^2}$

$\sin x$, $\cos x$, $\tan x$는 일대일대응이 아니지만, x의 범위를 각각 $-\frac{\pi}{2} \leqq x \leqq \frac{\pi}{2}$, $0 \leqq x \leqq \pi$, $-\frac{\pi}{2} < x < \frac{\pi}{2}$로 제한하면 일대일대응이다. 이 함수의 역함수를 **역삼각함수**라 하고 각각 $\arcsin x$, $\arccos x$, $\arctan x$ 또는 $\sin^{-1} x$, $\cos^{-1} x$, $\tan^{-1} x$로 나타낸다.

역삼각함수의 미분법

역삼각함수의 미분법 | **복잡한 역삼각함수의 미분법**

$$(\arcsin x)' = \frac{1}{\sqrt{1-x^2}} \qquad (\arcsin f(x))' = \frac{1}{\sqrt{1-f(x)^2}} \cdot f'(x)$$

$$(\arccos x)' = -\frac{1}{\sqrt{1-x^2}} \qquad (\arccos f(x))' = -\frac{1}{\sqrt{1-f(x)^2}} \cdot f'(x)$$

$$(\arctan x)' = \frac{1}{1+x^2} \qquad (\arctan f(x))' = \frac{1}{1+f(x)^2} \cdot f'(x)$$

조언   복잡한 역삼각함수의 미분법도 $f(x)$를 한 문자로 보고 미분한 다음, 여기에 한 문자로 본 $f(x)$를 미분한 함수 $f'(x)$를 곱한다고 기억하면 된다.

예제 2. 함수 $y = x \arctan \sqrt{x}$를 미분하라.

풀이
$$\begin{aligned} y' &= (x)' \arctan \sqrt{x} + x(\arctan \sqrt{x})' \\ &= 1 \cdot \arctan \sqrt{x} + x \cdot \frac{1}{1+(\sqrt{x})^2} \cdot (\sqrt{x})' \\ &= \arctan \sqrt{x} + \frac{\sqrt{x}}{2(1+x)} \end{aligned}$$

♣ 확인 문제

다음 함수를 미분하라.

1. $y = \arcsin(x^3 + 1)$

2. $y = \arcsin \sqrt{x}$

3. $y = \arctan \sqrt{x}$

4. $y = \arctan \dfrac{1}{x}$

1.3 연습문제

다음 함수를 미분하라.

1. $y = 3x^2 - 2\cos x$

2. $y = \sin x + \dfrac{1}{2}\cot x$

3. $y = x^3 \cos x$

4. $y = (\sin x)(1 + \cos x)$

5. $y = \sqrt{1 + \sin x}$

6. $y = \sqrt{1 + 2\tan x}$

7. $y = \sin \sqrt{1 - x^2}$

8. $y = \cos(\sin x)$

9. $y = (2x^2 + 1)\sin 2x$

10. $y = \sin^3 x \cos 3x$

11. $y = \dfrac{1 + \sin x}{\cos x}$

12. $y = \dfrac{x}{2 - \tan x}$

13. $y = \dfrac{\sec x}{1 + \sec x}$

14. $y = \dfrac{x \sin x}{1 + x}$

15. $y = \sqrt{\arctan x}$

16. $y = \arcsin(2x + 1)$

17. $y = \arctan(x^2 - x)$

18. $y = \arctan\left(x - \sqrt{1 + x^2}\right)$

19. $y = \sqrt{1 - x^2}\,\arccos x$

20. $y = x\arcsin x + \sqrt{1 - x^2}$

1.4. 지수 · 로그함수의 미분법

지수 · 로그함수의 미분법을 위하여 새로운 실수를 하나 소개하는 것이 불가피하다. 실수

$$2.718281828\cdots$$

을 e로 나타낸다. 밑이 e인 로그 $\log_e$는 $\ln$으로 나타낸다.

지수 · 로그함수의 미분법

지수 · 로그함수의 미분법	복잡한 지수 · 로그함수의 미분법

$$(e^x)' = e^x \qquad\qquad (e^{f(x)})' = e^{f(x)} \cdot f'(x)$$

$$(a^x)' = a^x \ln a \qquad\qquad (a^{f(x)})' = a^{f(x)} \ln a \cdot f'(x)$$

$$(\ln x)' = \frac{1}{x} \qquad\qquad (\ln f(x))' = \frac{1}{f(x)} \cdot f'(x)$$

$$(\log_a x)' = \frac{1}{x \ln a} \qquad\qquad (\log_a f(x))' = \frac{1}{f(x) \ln a} \cdot f'(x)$$

조언   복잡한 지수 · 로그함수의 미분법도 $f(x)$를 한 문자로 보고 미분한 다음, 여기에 한 문자로 본 $f(x)$를 미분한 함수 $f'(x)$를 곱한다고 기억하면 된다.

예제 1. 다음 함수를 미분하라.

(1) $y = \dfrac{e^x}{1 + x^2}$ (2) $y = \log_{10}(2 + \sin x)$

풀이   (1) $y' = \dfrac{(e^x)'(1 + x^2) - e^x(1 + x^2)'}{(1 + x^2)^2} = \dfrac{e^x(x - 1)^2}{(1 + x^2)^2}$

(2) $y' = \dfrac{1}{(2 + \sin x) \ln 10} \cdot (2 + \sin x)' = -\dfrac{\cos x}{(2 + \sin x) \ln 10}$

♣ 확인 문제

다음 함수를 미분하라.

1. $y = e^{x^2 + 4x}$ 3. $y = \sin(\ln x^2)$

2. $y = x^3 e^x$ 4. $y = \ln(\sin x^2)$

$$\sinh x = \frac{e^x - e^{-x}}{2}, \qquad \cosh x = \frac{e^x + e^{-x}}{2}, \qquad \tanh x = \frac{\sinh x}{\cosh x}$$

를 **쌍곡함수**라 한다. 삼각함수와 마찬가지로 $\sinh x$, $\cosh x$, $\tanh x$의 역수는 각각 $\operatorname{csch} x$, $\operatorname{sech} x$, $\coth x$로 나타낸다. 쌍곡함수는 지수함수로 나타낼 수 있으므로 별도의 미분법이 필요하지는 않지만, 하나의 기호로 나타내는 데에서 생기는 장점이 있어 쓰인다.

쌍곡함수의 미분법

쌍곡함수의 미분법	복잡한 쌍곡함수의 미분법
$(\sinh x)' = \cosh x$	$(\sinh f(x))' = \cosh f(x) \cdot f'(x)$
$(\cosh x)' = \sinh x$	$(\cosh f(x))' = \sinh f(x) \cdot f'(x)$
$(\tanh x)' = \operatorname{sech}^2 x$	$(\tanh f(x))' = \operatorname{sech}^2 f(x) \cdot f'(x)$
$(\operatorname{csch} x)' = -\operatorname{csch} x \coth x$	$(\operatorname{csch} f(x))' = -\operatorname{csch} f(x) \coth f(x) \cdot f'(x)$
$(\operatorname{sech} x)' = -\operatorname{sech} x \tanh x$	$(\operatorname{sech} f(x))' = -\operatorname{sech} f(x) \tanh f(x) \cdot f'(x)$
$(\coth x)' = -\operatorname{csch}^2 x$	$(\coth f(x))' = -\operatorname{csch}^2 f(x) \cdot f'(x)$

조언 1   쌍곡함수의 미분법은 그에 대응하는 삼각함수의 미분법과 비슷한 점이 많으므로, 비교하며 기억하면 좋다.

조언 2   복잡한 쌍곡함수의 미분법도 $f(x)$를 한 문자로 보고 미분한 다음, 여기에 한 문자로 본 $f(x)$를 미분한 함수 $f'(x)$를 곱한다고 기억하면 된다.

예제 2. 함수 $y = \cosh \sqrt{x}$를 미분하라.

풀이 $y' = \sinh \sqrt{x} \cdot (\sqrt{x})' = \dfrac{\sinh \sqrt{x}}{2\sqrt{x}}$

♣ 확인 문제

다음 함수를 미분하라.

1. $y = \tanh(1 + e^{2x})$

2. $y = \cosh(\ln x)$

3. $y = \sinh(\cosh x)$

4. $y = x \coth(1 + x^2)$

$\sinh x$와 $\tanh x$는 일대일대응이고, $\cosh x$는 x의 범위를 $x \geq 0$으로 제한하면 일대일대응이므로 역함수가 존재한다. 이를 **역쌍곡함수**라 하고 각각 $\sinh^{-1} x$, $\cosh^{-1} x$, $\tanh^{-1} x$로 나타낸다. 이 또한

$$\sinh^{-1} x = \ln\left(x + \sqrt{x^2 + 1}\right)$$
$$\cosh^{-1} x = \ln\left(x + \sqrt{x^2 - 1}\right)$$
$$\tanh^{-1} x = \frac{1}{2} \ln \frac{1 + x}{1 - x}$$

와 같이 로그함수로 나타낼 수 있지만, 하나의 기호로 나타내는 데에서 생기는 장점이 있어 쓰인다.

역쌍곡함수의 미분법

역쌍곡함수의 미분법	복잡한 역쌍곡함수의 미분법
$(\sinh^{-1} x)' = \dfrac{1}{\sqrt{1 + x^2}}$	$(\sinh^{-1} f(x))' = \dfrac{1}{\sqrt{1 + f(x)^2}} \cdot f'(x)$
$(\cosh^{-1} x)' = \dfrac{1}{\sqrt{x^2 - 1}}$	$(\cosh^{-1} f(x))' = \dfrac{1}{\sqrt{f(x)^2 - 1}} \cdot f'(x)$
$(\tanh^{-1} x)' = \dfrac{1}{1 - x^2}$	$(\tanh^{-1} f(x))' = \dfrac{1}{1 - f(x)^2} \cdot f'(x)$

조언 복잡한 역쌍곡함수의 미분법도 $f(x)$를 한 문자로 보고 미분한 다음, 여기에 한 문자로 본 $f(x)$를 미분한 함수 $f'(x)$를 곱한다고 기억하면 된다.

예제 3. 함수 $y = \tanh^{-1}(\sin x)$를 미분하라.

풀이 $y' = \dfrac{1}{1 - (\sin x)^2} \cdot (\sin x)' = \dfrac{1}{1 - \sin^2 x} \cdot \cos x = \sec x$

♣ 확인 문제

다음 함수를 미분하라.

1. $y = \sinh^{-1}(\tan x)$

2. $y = x \tanh^{-1} x + \ln \sqrt{1 - x^2}$

1.4 연습문제

다음 함수를 미분하라.

1. $y = 5^{-1/x}$

2. $y = (x + x\sqrt{x})e^x$

3. $y = \dfrac{e^x}{x^2}$

4. $y = \sqrt{1 + 2e^{3x}}$

5. $y = \cos\dfrac{1 - e^{2x}}{1 + e^{2x}}$

6. $y = \tan e^x + e^{\tan x}$

7. $y = \log_{10}(x^3 + 1)$

8. $y = \ln x\sqrt{x^2 - 1}$

9. $y = \ln\dfrac{(2x + 1)^5}{\sqrt{x^2 + 1}}$

10. $y = \sqrt[5]{\ln x}$

11. $y = \sin(\ln x)$

12. $y = \sin x \ln 5x$

13. $y = 2x \log_{10}\sqrt{x}$

14. $y = x\sinh x - \cosh x$

15. $y = e^{\cosh 3x}$

16. $y = \ln(\cosh x)$

17. $y = \text{sech}^2(e^x)$

18. $y = \dfrac{1 - \cosh x}{1 + \cosh x}$

19. $y = \cosh^{-1}\sqrt{x}$

20. $y = x\sinh^{-1}\dfrac{x}{3} - \sqrt{9 + x^2}$

1.5. 음함수 미분법

방정식 $f(x, y) = k$에서 y를 x의 함수로 보고 미분하는 방법을 **음함수 미분법**이라 한다.

음함수 미분법

1단계 방정식 $f(x, y) = k$의 양변을 미분한다. 여기에서 y는 $g(x)$로 대체된 것처럼 생각하여 미분한다. $g'(x)$에 해당하는 것은 y'로 쓴다.

2단계 양변을 미분한 식을 y'에 대하여 정리한다.

예제 1. 다음 방정식에서 y를 x의 함수로 보고 y'를 구하라.

(1) $x^4 + y^4 = 16$ \qquad\qquad (2) $\sin(x + y) = y^2 \cos x$

$\boxed{\text{풀이}}$ (1) $x^4 + y^4 = 16$의 양변을 미분하고 y'에 대하여 정리하면

$$4x^3 + 4y^3 y' = 0 \iff y' = -\frac{4x^3}{4y^3} = -\frac{x^3}{y^3}$$

(2) $\sin(x + y) = y^2 \cos x$의 양변을 미분하고 y'에 대하여 정리하면

$$\cos(x + y) \cdot (1 + y') = 2yy' \cos x + y^2(-\sin x)$$
$$\iff \quad (\cos(x + y) - 2y \cos x)y' = -\cos(x + y) - y^2 \sin x$$
$$\iff \quad y' = -\frac{\cos(x + y) + y^2 \sin x}{\cos(x + y) - 2y \cos x}$$

♣ 확인 문제

다음 방정식에서 y를 x의 함수로 보고 y'를 구하라.

1. $x^2 y^2 + 3y = 4x$ \qquad\qquad 3. $y^2 \sqrt{x + y} - 4x^2 = y$

2. $\sqrt{xy} - 4y^2 = 12$ \qquad\qquad 4. $e^{4y} - \ln(y^2 + 3) = 2x$

접선의 방정식

곡선 $f(x, y) = 0$ 위의 점 (x_0, y_0)에서의 접선은

- 점 (x_0, y_0)를 지나고

- 기울기가 $x = x_0, y = y_0$일 때 음함수 미분법으로 구한 y'의 값

인 직선이다.

예제 2. 곡선 $x^3 + y^3 = 6xy$ 위의 점 $(3, 3)$에서의 접선의 방정식을 구하라.

$\boxed{\text{풀이}}$ $x^3 + y^3 = 6xy$의 양변을 미분하고 y'에 대하여 정리하면

$$3x^2 + 3y^2 y' = 6xy' + 6y \iff y^2 y' - 2xy' = 2y - x^2$$
$$\iff y' = \frac{2y - x^2}{y^2 - 2x}$$

$x = 3,\ y = 3$일 때 $y' = \dfrac{2 \cdot 3 - 3^2}{3^2 - 2 \cdot 3} = -1$이므로 접선의 방정식은

$$y = (-1)(x - 3) + 3 = -x + 6$$

♣ 확인 문제

다음 곡선 위의 점에서의 접선의 방정식을 구하라.

1. $x^2 + 4y^2 = 8, \quad (2, 1)$ 3. $x^2 y^2 - 2x = 4 - 4y, \quad (2, -2)$

2. $x^2 + y^3 - 2y = 3, \quad (2, 1)$ 4. $y - 3x^2 y = \cos x, \quad (0, 1)$

1.5 연습문제

다음 방정식에서 y를 x의 함수로 보고 y'를 구하라.

1. $x^3 + y^3 = 1$

2. $x^2 + xy - y^2 = 4$

3. $x^4(x + y) = y^2(3x - y)$

4. $x^2y^2 + x \sin y = 4$

5. $4 \cos x \sin y = 1$

6. $e^{x/y} = x - y$

7. $\arctan x^2 y = x + xy^2$

8. $e^y \cos x = 1 + \sin xy$

다음 곡선 위의 점에서의 접선의 방정식을 구하라.

9. $y \sin 2x = x \cos 2y, \quad \left(\dfrac{\pi}{2}, \dfrac{\pi}{4} \right)$

10. $x^2 + xy + y^2 = 3, \quad (1, 1)$

11. $x^2 + y^2 = (2x^2 + 2y^2 - x)^2, \quad \left(0, \dfrac{1}{2} \right)$

12. $2(x^2 + y^2)^2 = 25(x^2 - y^2), \quad (3, 1)$

CHAPTER 2

미분법의 응용

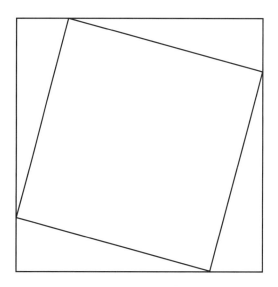

2.1.   접선과 선형근사

미분계수는 그 점에서 함수의 그래프에 접하는 직선의 기울기이므로 미분으로 접선의
방정식을 구할 수 있다. 이는 함수값의 근사값을 구하는 데에도 쓰일 수 있다.

접선의 방정식과 선형근사

접선의 방정식   곡선 $y = f(x)$ 위의 점 $(a, f(a))$ 에서의 접선의 방정식은

$$y = f(a) + f'(a)(x - a)$$

선형근사 x 가 a 에 가까우면 $f(x)$ 의 근사값은

$$f(a) + f'(a)(x - a)$$

예제 1. 곡선 $y = \sqrt{x + 3}$ 위의 점 $(1, 2)$ 에서의 접선의 방정식을 구하고, 이를 써서
$\sqrt{3.98}$ 과 $\sqrt{4.05}$ 의 근사값을 구하라.

$\boxed{\text{풀이}}$ $f(x) = \sqrt{x + 3}$ 이므로 $f'(x) = \dfrac{1}{2\sqrt{x + 3}}$ 이고 $f'(1) = \dfrac{1}{4}$ 이다. 따라서 접선의
방정식은

$$y = 2 + \frac{1}{4}(x - 1) = \frac{1}{4}x + \frac{7}{4}$$

$\sqrt{3.98}$ 과 $\sqrt{4.05}$ 는 각각 $x = 0.98, 1.05$ 일 때의 함수값이므로 그 근사값은 각각

$$2 + \frac{1}{4}(0.98 - 1) = 1.995, \qquad 2 + \frac{1}{4}(1.05 - 1) = 2.0125$$

♣ 확인 문제

곡선 $y = f(x)$ 위의 점 $(a, f(a))$ 에서의 접선의 방정식을 구하고, 이를 써서 다음의
근사값을 구하라.

1. $f(x) = \sqrt{x}, \quad a = 1, \quad \sqrt{1.2}$

2. $f(x) = \sqrt{2x + 9}, \quad a = 0, \quad \sqrt{8.8}$

3. $f(x) = \sin 3x, \quad a = 0, \quad \sin 0.3$

2.1 연습문제

곡선 $y = f(x)$ 위의 점 $(a, f(a))$ 에서의 접선의 방정식을 구하라.

1. $f(x) = x^4 + 3x^2, \quad a = -1$

2. $f(x) = \sqrt{x}, \quad a = 4$

3. $f(x) = \sqrt{1-x}, \quad a = 0$

4. $f(x) = \ln(1+x), \quad a = 0$

5. $f(x) = \dfrac{1}{(1+2x)^4}, \quad a = 0$

선형근사로 다음의 근사값을 구하라.

6. $\sqrt{0.9}$

7. $\sqrt{0.99}$

8. $\sqrt[3]{0.95}$

9. $\sqrt[3]{1.1}$

10. $(1.999)^4$

11. $\sqrt[3]{1001}$

12. $\tan 44°$

13. $\sec 0.08$

14. $(1.01)^6$

15. $\ln 1.05$

2.2. 함수의 그래프

미분을 쓰면 수많은 함수의 증가와 감소, 극대와 극소, 아래로 볼록과 위로 볼록을
일률적으로 파악하고 그 그래프를 그릴 수 있다.

함수의 그래프

증가와 감소 $f'(x)$가 양(음)인 범위에서 $f(x)$는 증가(감소)한다.

극대와 극소 $f'(a) = 0$인 a의 좌우로 $f'(x)$의 부호가 양(음)에서 음(양)으로
바뀌면 $x = a$에서 $f(x)$는 극대(극소)이다. 부호가 바뀌지 않으면 극대도 극소도
아니다.

아래로 볼록과 위로 볼록 $f''(x)$가 양(음)인 범위에서 $f(x)$는 아래(위)로
볼록하다.

예제 1. 함수 $f(x) = x^4 - 4x^3$이 증가, 감소하는 x의 범위, 극대값과 극소값, 아래로
볼록, 위로 볼록한 x의 범위를 구하라.

$\boxed{\text{풀이}}$ $f'(x) = 4x^3 - 12x^2 = 4x^2(x - 3)$이므로

$$f'(x)는 \begin{array}{l} x > 3\text{일 때 양} \\ x < 3\text{일 때 음} \end{array} \implies f(x)는 \begin{array}{l} x > 3\text{일 때 증가} \\ x < 3\text{일 때 감소} \end{array}$$

$f'(x) = 0$인 x는 $0, 3$

$$x = 0\text{의 좌우로 } f'(x)\text{의 부호가 음} \implies x = 0\text{에서 극대도 극소도 아님}$$
$$x = 3\text{의 좌우로 } f'(x)\text{의 부호가 음에서 양} \implies x = 3\text{에서 극소, 극소값 } -27$$

$f''(x) = 12x^2 - 24x = 12x(x - 2)$이므로

$$f''(x)는 \begin{array}{l} x < 0,\ x > 2\text{일 때 양} \\ 0 < x < 2\text{일 때 음} \end{array} \implies f(x)는 \begin{array}{l} x < 0,\ x > 2\text{일 때 아래로 볼록} \\ 0 < x < 2\text{일 때 위로 볼록} \end{array}$$

♣ 확인 문제

1. 함수 $f(x) = x^4 + 6x^3 + 12x^2 + 8x + 1$이 증가, 감소하는 x의 범위, 극대값과
   극소값, 아래로 볼록, 위로 볼록한 x의 범위를 구하라.

2.2 연습문제

다음 함수가 증가, 감소하는 x의 범위, 극대값과 극소값, 아래로 볼록, 위로 볼록한 x의 범위를 구하라.

1. $y = x^3 + x$

2. $y = x(x-4)^3$

3. $y = \dfrac{x}{x-1}$

4. $y = \dfrac{1}{x^2 - 9}$

5. $y = \dfrac{x}{x^2 + 9}$

6. $y = \dfrac{x^2}{x^2 + 3}$

7. $y = (x-3)\sqrt{x}$

8. $y = \dfrac{x}{\sqrt{x^2 + 1}}$

9. $y = \dfrac{\sqrt{1 - x^2}}{x}$

10. $y = \sin^3 x \ (0 < x < \pi)$

11. $y = x \tan x \ \left(-\dfrac{\pi}{2} < x < \dfrac{\pi}{2}\right)$

12. $y = \dfrac{1}{2}x - \sin x \ (0 < x < 3\pi)$

13. $y = \dfrac{\sin x}{1 + \cos x} \ (-\pi < x < \pi)$

14. $y = \dfrac{1}{1 + e^{-x}}$

15. $y = x - \ln x$

16. $y = (1 + e^x)^{-2}$

17. $y = x e^{-1/x}$

18. $y = e^{3x} + e^{-2x}$

2.3. 최대값과 최소값

미분의 최대 응용은 단연 함수의 최대값과 최소값을 구하는 것이다. 미분을 쓰면 수많은 함수의 최대값과 최소값을 일률적으로 구할 수 있다.

최대값과 최소값

$a \leqq x \leqq b$일 때 함수 $f(x)$의 최대값과 최소값은 다음과 같이 구한다.

1단계 $f'(x) = 0$인 x를 구한다.

2단계 1단계에서 구한 x에 대하여 $f(x)$와 $f(a)$, $f(b)$ 가운데 가장 큰 값이 최대값, 가장 작은 값이 최소값이다.

예제 1. $-\dfrac{1}{2} \leqq x \leqq 4$일 때 함수 $f(x) = x^3 - 3x^2 + 1$의 최대값과 최소값을 구하라.

1단계 $f'(x) = 3x^2 - 6x = 3x(x-2)$이므로 $f'(x) = 0$인 x는 0, 2

2단계

$$f\left(-\frac{1}{2}\right) = \frac{1}{8}, \qquad f(0) = 1, \qquad f(2) = -3, \qquad f(4) = 17$$

가운데 가장 큰 값은 17, 가장 작은 값은 -3이므로 최대값 17, 최소값 -3

♣ 확인 문제

x의 범위가 다음과 같을 때, 다음 함수의 최대값과 최소값을 구하라.

1. $f(x) = x^3 - 3x + 1$ $(0 \leqq x \leqq 2)$

2. $f(x) = e^{-x^2}$ $(0 \leqq x \leqq 2)$

3. $f(x) = \dfrac{3x^2}{x-3}$ $(-2 \leqq x \leqq 2)$

4. $f(x) = \dfrac{x}{x^2+1}$ $(0 \leqq x \leqq 2)$

예제 2. 가로, 세로의 길이가 각각 16, 10인 직사각형 모양의 종이의 네 귀퉁이에서 같은 크기의 정사각형을 잘라내고, 나머지 부분을 접어서 뚜껑이 없는 직육면체 모양의 상자를 만들려고 한다. 이 상자의 부피가 최대가 되도록 하려면 잘라내는 정사각형의 한 변의 길이가 얼마가 되어야 하는지 구하라.

1단계 잘라내는 정사각형의 한 변의 길이가 x일 때 상자의 가로, 세로의 길이는 각각 $16 - 2x$, $10 - 2x$이고 높이는 x이므로 상자의 부피 $f(x)$는

$$f(x) = (16 - 2x)(10 - 2x)x = 4x^3 - 52x^2 + 160x$$

미분하면

$$f'(x) = 12x^2 - 104x + 160 = 4(x - 2)(3x - 20)$$

$0 \leqq x \leqq 5$이므로 $f'(x) = 0$인 x는 2

2단계 $0 \leqq x \leqq 5$이므로 $f(0)$, $f(2)$, $f(5)$를 구하면

$$f(0) = 0, \qquad f(2) = 144, \qquad f(5) = 0$$

이 가운데 가장 큰 값은 144이므로 상자의 부피는 잘라내는 정사각형의 한 변의 길이가 2일 때 최대

♣ 확인 문제

1. 한 변을 벽으로 하고 나머지 세 변을 울타리로 둘러싸 직사각형 모양의 영역을 만들려고 한다. 이 영역의 넓이를 1800으로 할 때, 울타리의 둘레의 길이의 최소값을 구하라.

2. 한 변을 공유하는 같은 모양의 직사각형 우리를 두 개 만들려고 한다. 사용할 수 있는 울타리의 길이가 120일 때, 두 우리의 넓이의 합의 최대값을 구하라.

2.3 연습문제

x의 범위가 다음과 같을 때, 다음 함수의 최대값과 최소값을 구하라.

1. $f(x) = 3x^2 - 12x + 5 \ (0 \leqq x \leqq 3)$

2. $f(x) = 2x^3 - 3x^2 - 12x + 1 \ (-2 \leqq x \leqq 3)$

3. $f(x) = 3x^4 - 4x^3 - 12x^2 + 1 \ (-2 \leqq x \leqq 3)$

4. $f(x) = x + \dfrac{1}{x} \ \left(\dfrac{1}{5} \leqq x \leqq 4 \right)$

5. $f(x) = x\sqrt{4 - x^2} \ (-1 \leqq x \leqq 2)$

6. $f(x) = 2\cos x + \sin 2x \ \left(0 \leqq x \leqq \dfrac{\pi}{2} \right)$

7. $f(x) = xe^{-x^2/8} \ (-1 \leqq x \leqq 4)$

8. $f(x) = \ln(x^2 + x + 1) \ (-1 \leqq x \leqq 1)$

다음에 답하라.

9. 한 변을 공유하는 같은 모양의 직사각형 우리를 두 개 만들려고 한다. 두 우리의 넓이의 합이 15000이 되도록 할 때, 울타리의 둘레의 길이의 최소값을 구하라.

10. 1200의 재료를 가지고 밑면이 정사각형이고 뚜껑이 없는 상자를 만들 때, 상자의 부피의 최대값을 구하라.

11. 원점에서 가장 가까운 직선 $y = 2x + 3$ 위의 점을 구하라.

12. 점 $(1, 0)$에서 가장 먼 타원 $4x^2 + y^2 = 4$ 위의 점을 구하라.

13. 한 변의 길이가 L인 정삼각형에 내접하는 직사각형의 넓이가 최대가 되는 가로와 세로의 길이를 구하라. 단, 직사각형의 가로는 삼각형의 밑변에 놓여 있다.

14. 반지름의 길이가 r인 원에 내접하는 이등변삼각형의 넓이가 최대가 되는 밑변의 길이와 높이를 구하라.

15. 반지름의 길이가 r인 구에 내접하는 원기둥의 겉넓이의 최대값을 구하라.

16. 부피가 V인 뚜껑이 없는 원기둥 모양의 캔의 겉넓이가 최소가 되는 반지름의 길이와 높이를 구하라.

2.4. 로피탈의 정리

$\dfrac{0}{0}$ 또는 $\dfrac{\infty}{\infty}$ 꼴의 함수의 극한은 **로피탈의 정리**로 쉽게 구할 수 있다. 이를 응용하면 다른 부정형의 함수의 극한도 구할 수 있다.

로피탈의 정리

$\dfrac{0}{0}$ 또는 $\dfrac{\infty}{\infty}$ 꼴의 함수의 극한 $\displaystyle\lim_{x\to a}\dfrac{f(x)}{g(x)}$ 에 대하여

$$\lim_{x\to a}\frac{f(x)}{g(x)} = \lim_{x\to a}\frac{f'(x)}{g'(x)} \qquad (단,\ \lim_{x\to a}\frac{f'(x)}{g'(x)} \text{는 실수 또는 } \pm\infty)$$

예제 1. 다음 극한값을 구하라.

(1) $\displaystyle\lim_{x\to\infty}\frac{e^x}{x^2}$ (2) $\displaystyle\lim_{x\to 0+} x\ln x$ (3) $\displaystyle\lim_{x\to 0+}(1+\sin 4x)^{\cot x}$

$\boxed{\text{풀이}}$ (1) $\dfrac{\infty}{\infty}$ 꼴이므로 로피탈의 정리를 거듭 쓰면

$$\lim_{x\to\infty}\frac{e^x}{x^2} = \lim_{x\to\infty}\frac{e^x}{2x} = \lim_{x\to\infty}\frac{e^x}{2} = \infty$$

(2) $x\ln x = \dfrac{\ln x}{\frac{1}{x}}$ 로 변형하면

$$\lim_{x\to 0+} x\ln x = \lim_{x\to 0+}\frac{\ln x}{\frac{1}{x}} = \lim_{x\to 0+}\frac{\frac{1}{x}}{-\frac{1}{x^2}} = \lim_{x\to 0+}(-x) = 0$$

(3) $(1+\sin 4x)^{\cot x} = e^{\cot x \ln(1+\sin 4x)}$ 으로 변형하면

$$\lim_{x\to 0+}\cot x \ln(1+\sin 4x) = \lim_{x\to 0+}\frac{\ln(1+\sin 4x)}{\tan x} = \lim_{x\to 0+}\frac{\frac{4\cos 4x}{1+\sin 4x}}{\sec^2 x} = 4$$

따라서 $\displaystyle\lim_{x\to 0+}(1+\sin 4x)^{\cot x} = e^4$

♣ 확인 문제

다음 극한값을 구하라.

1. $\displaystyle\lim_{x\to 0}\frac{\arctan x}{\sin x}$

2. $\displaystyle\lim_{x\to 0}\frac{\sin x - x}{x^3}$

2.4 연습문제

다음 극한값을 구하라.

1. $\displaystyle\lim_{x\to -1}\frac{x^2-1}{x+1}$

2. $\displaystyle\lim_{x\to 1}\frac{x^3-2x^2+1}{x^3-1}$

3. $\displaystyle\lim_{x\to \pi/2+}\frac{\cos x}{1-\sin x}$

4. $\displaystyle\lim_{x\to 0}\frac{e^{2x}-1}{\sin x}$

5. $\displaystyle\lim_{x\to \pi/2}\frac{1-\sin x}{1+\cos 2x}$

6. $\displaystyle\lim_{x\to \infty}x\sin\frac{\pi}{x}$

7. $\displaystyle\lim_{x\to 0}\cot 2x\sin 6x$

8. $\displaystyle\lim_{x\to \infty}x^3 e^{-x^2}$

9. $\displaystyle\lim_{x\to 1+}\ln x\tan\frac{\pi x}{2}$

10. $\displaystyle\lim_{x\to 1}\left(\frac{x}{x-1}-\frac{1}{\ln x}\right)$

11. $\displaystyle\lim_{x\to 0+}\left(\frac{1}{x}-\frac{1}{e^x-1}\right)$

12. $\displaystyle\lim_{x\to \infty}(x-\ln x)$

13. $\displaystyle\lim_{x\to 1+}(\ln(x^7-1)-\ln(x^5-1))$

14. $\displaystyle\lim_{x\to 0+}x^{\sqrt{x}}$

15. $\displaystyle\lim_{x\to 0}(1-2x)^{1/x}$

16. $\displaystyle\lim_{x\to 1+}x^{1/(1-x)}$

17. $\displaystyle\lim_{x\to \infty}x^{1/x}$

18. $\displaystyle\lim_{x\to 0+}(4x+1)^{\cot x}$

적분법

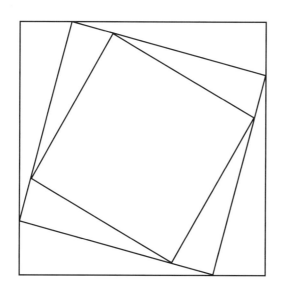

3.1. 부정적분

'적분한다'라는 말은 부정적분을 구한다는 것이다. 몇 가지 미분법에 따라 구할 수 있는 도함수와 달리 부정적분을 구하는 체계적인 방법은 없다. 다음은 부정적분을 구할 수 있는 대표적인 함수이다.

부정적분

x^n의 부정적분(단, C는 적분상수)

$$\int a\,dx \;=\; ax + C \text{ (단, } a\text{는 상수)}$$

$$\int x^n\,dx \;=\; \frac{1}{n+1}x^{n+1} + C \text{ (단, } n \neq -1)$$

$$\int \frac{1}{x}\,dx \;=\; \ln|x| + C$$

합, 차와 실수배의 적분법

$$\int (f(x) \pm g(x))\,dx \;=\; \int f(x)\,dx \pm \int g(x)\,dx$$

$$\int cf(x)\,dx \;=\; c\int f(x)\,dx \text{ (단, } c\text{는 상수)}$$

예제 1. 부정적분 $\displaystyle\int \frac{(2\sqrt{x}-1)^2}{x}\,dx$를 구하라.

풀이 $\dfrac{(2\sqrt{x}-1)^2}{x} = \dfrac{4x - 4\sqrt{x} + 1}{x} = 4 - 4x^{-1/2} + \dfrac{1}{x}$ 이므로

$$
\begin{aligned}
\int \frac{(2\sqrt{x}-1)^2}{x}\,dx &= \int \left(4 - 4x^{-1/2} + \frac{1}{x}\right)dx \\
&= \int 4\,dx - \int 4x^{-1/2}\,dx + \int \frac{1}{x}\,dx \\
&= 4x - \frac{4}{-1/2+1}x^{-1/2+1} + \ln|x| + C \\
&= 4x - 8\sqrt{x} + \ln|x| + C
\end{aligned}
$$

삼각함수의 부정적분

$$\int \sin x \, dx = -\cos x + C \qquad \int \csc^2 x \, dx = -\cot x + C$$

$$\int \cos x \, dx = \sin x + C \qquad \int \sec x \tan x \, dx = \sec x + C$$

$$\int \sec^2 x \, dx = \tan x + C \qquad \int \csc x \cot x \, dx = -\csc x + C$$

예제 2. 다음 부정적분을 구하라.

(1) $\int (10x^4 - 2\sec^2 x) \, dx$ 　　　　(2) $\int \dfrac{\sin^2 x}{1 + \cos x} \, dx$

풀이 　(1)

$$\int (10x^4 - \sec^2 x) \, dx = \int 10x^4 \, dx - \int 2\sec^2 x \, dx$$

$$= \frac{10}{4+1} x^{4+1} - 2\tan x + C$$

$$= 2x^5 - 2\tan x + C$$

(2) $\dfrac{\sin^2 x}{1+\cos x} = \dfrac{1-\cos^2 x}{1+\cos x} = 1 - \cos x$ 이므로

$$\int \frac{\sin^2 x}{1+\cos x} \, dx = \int (1 - \cos x) \, dx$$

$$= \int 1 \, dx - \int \cos x \, dx$$

$$= x - \sin x + C$$

♣ 확인 문제

다음 부정적분을 구하라.

1. $\int \left(\dfrac{3}{x} - \dfrac{4}{x^2} \right) dx$ 　　　　3. $\int \cos^2 \dfrac{x}{2} \, dx$

2. $\int (x-2)\sqrt{x} \, dx$ 　　　　4. $\int \left(\sin \dfrac{x}{2} - \cos \dfrac{x}{2} \right)^2 dx$

지수함수의 부정적분

$$\int e^x \, dx \;\; = \;\; e^x + C$$

$$\int a^x \, dx \;\; = \;\; \frac{a^x}{\ln a} + C$$

예제 3. 다음 부정적분을 구하라.

(1) $\displaystyle\int e^{x+1} \, dx$
(2) $\displaystyle\int \frac{8^x + 1}{2^x + 1} \, dx$

$\boxed{\text{풀이}}$ (1) $\displaystyle\int e^{x+1} \, dx = \int e e^x \, dx = e \int e^x \, dx = e e^x + C = e^{x+1} + C$

(2) 인수분해 공식 $a^3 + b^3 = (a+b)(a^2 - ab + b^2)$에 의하여

$$\frac{8^x + 1}{2^x + 1} = \frac{(2^x)^3 + 1^3}{2^x + 1} = \frac{(2^x + 1)((2^x)^2 - 2^x \cdot 1 + 1^2)}{2^x + 1} = 4^x - 2^x + 1$$

이므로

$$\begin{aligned}
\int \frac{8^x + 1}{2^x + 1} \, dx &= \int (4^x - 2^x + 1) \, dx \\
&= \int 4^x \, dx - \int 2^x \, dx + \int 1 \, dx \\
&= \frac{4^x}{\ln 4} - \frac{2^x}{\ln 2} + x + C
\end{aligned}$$

♣ 확인 문제

다음 부정적분을 구하라.

1. $\displaystyle\int (e^x - 4x + 2) \, dx$
3. $\displaystyle\int 2^x (2^x + 1) \, dx$

2. $\displaystyle\int 10^{x+2} \, dx$
4. $\displaystyle\int \frac{xe^x - 2}{x} \, dx$

3.1 연습문제

다음 부정적분을 구하라.

1. $\displaystyle\int (3x^2 + 6x - 5)\, dx$

2. $\displaystyle\int \frac{x^4 + x^2 + 1}{x^2 - x + 1}\, dx$

3. $\displaystyle\int \frac{x^2 - 3x + 2}{\sqrt{x}}\, dx$

4. $\displaystyle\int \left(x + \frac{1}{x}\right)^3 dx$

5. $\displaystyle\int \sqrt[3]{x}(\sqrt{x} + 1)\, dx$

6. $\displaystyle\int \frac{1 + \cos^2 x}{\cos^2 x}\, dx$

7. $\displaystyle\int \frac{\sin 2x}{\sin x}\, dx$

8. $\displaystyle\int \sin^2 \frac{x}{2}\, dx$

9. $\displaystyle\int (1 + \tan^2 x)\, dx$

10. $\displaystyle\int (5x - 5^x)\, dx$

11. $\displaystyle\int (e^x + 3\sin x)\, dx$

12. $\displaystyle\int (\sin x + \sinh x)\, dx$

13. $\displaystyle\int \frac{2e^x}{\sinh x + \cosh x}\, dx$

14. $\displaystyle\int \frac{4e^x \cos^2 x - 3}{\cos^2 x}\, dx$

15. $\displaystyle\int \frac{e^{2x} - \sin^2 x}{e^x + \sin x}\, dx$

3.2.　치환적분법

지금까지 적분할 수 있는 함수는 간단한 식의 변형으로 부정적분을 이미 알고 있는 함수가 되는 것에 국한되었다. 그렇지 못할 때 적분하려는 함수를 부정적분을 이미 알고 있는 함수로 바꾸는 주요한 방법이 **치환적분법**이다.

> **치환적분법**
>
> $$\int f(g(x))g'(x)\,dx = \int f(t)\,dt$$

조언　치환적분법은 복잡한 함수 $f(g(x))g'(x)$ 의 적분을, 치환을 통하여 간단한 함수 $f(t)$ 의 부정적분으로 바꾸는 방법이다. $g(x)$ 를 t 로 치환할 때

$$g'(x)\,dx \to dt$$

라고 기억하면 좋다. 치환적분법을 쓸 때에는 dt 로 바뀔 부분을 따로 빼 놓으면 편리하다.

예제 1. 다음 부정적분을 구하라.

$$(1)\ \int \frac{1}{(1-x)^2}\,dx \qquad (2)\ \int \sqrt{2x+1}\,dx \qquad (3)\ \int e^{5x}\,dx$$

풀이　(1) $1-x$ 를 t 로 치환하면 $-1\,dx \to dt$ 이므로

$$\int \frac{1}{(1-x)^2}\,dx = \int \frac{-1}{(1-x)^2}\cdot(-1)\,dx = -\int \frac{1}{t^2}\,dt = \frac{1}{t}+C = \frac{1}{1-x}+C$$

(2) $2x+1$ 을 t 로 치환하면 $2\,dx \to dt$ 이므로

$$\int \sqrt{2x+1}\,dx = \int \frac{1}{2}\sqrt{2x+1}\cdot 2\,dx = \frac{1}{2}\int \sqrt{t}\,dt = \frac{1}{3}t^{3/2}+C = \frac{1}{3}(2x+1)^{3/2}+C$$

(3) $5x$ 를 t 로 치환하면 $5\,dx \to dt$ 이므로

$$\int e^{5x}\,dx = \int \frac{1}{5}e^{5x}\cdot 5\,dx = \frac{1}{5}\int e^{t}\,dt = \frac{1}{5}e^{t}+C = \frac{1}{5}e^{5x}+C$$

예제 2. 다음 부정적분을 구하라.

$$(1) \int \frac{x}{\sqrt{1-4x^2}}\,dx \qquad (2) \int x^2 e^{x^3}\,dx \qquad (3) \int \frac{1+\cos x}{x+\sin x}\,dx$$

풀이 (1) $1-4x^2$ 을 t 로 치환하면 $-8x\,dx \to dt$ 이므로

$$\int \frac{x}{\sqrt{1-4x^2}}\,dx = \int \frac{-\frac{1}{8}}{\sqrt{1-4x^2}} \cdot (-8x)\,dx = -\frac{1}{8}\int \frac{1}{\sqrt{t}}\,dt = -\frac{1}{4}\sqrt{t}+C = -\frac{1}{4}\sqrt{1-4x^2}+C$$

(2) x^3 을 t 로 치환하면 $3x^2\,dx \to dt$ 이므로

$$\int x^2 e^{x^3}\,dx = \int \frac{1}{3} e^{x^3} \cdot 3x^2\,dx = \frac{1}{3}\int e^t\,dt = \frac{1}{3}e^t + C = \frac{1}{3}e^{x^3} + C$$

(3) $x+\sin x$ 를 t 로 치환하면 $(1+\cos x)\,dx \to dt$ 이므로

$$\int \frac{1+\cos x}{x+\sin x}\,dx = \int \frac{1}{t}\,dt = \ln|t| + C = \ln|x+\sin x| + C$$

♣ 확인 문제

다음 부정적분을 구하라.

1. $\displaystyle\int x(1-x)^{20}\,dx$

2. $\displaystyle\int \frac{x-1}{\sqrt{x+1}}\,dx$

3. $\displaystyle\int 5^{3x+2}\,dx$

4. $\displaystyle\int \frac{3x^2}{\sqrt{1+x^3}}\,dx$

5. $\displaystyle\int (1+\sin x)^2 \cos x\,dx$

6. $\displaystyle\int \cos x\sqrt{\sin x}\,dx$

7. $\displaystyle\int \frac{1}{\cos^2 x(1+\tan x)}\,dx$

8. $\displaystyle\int xe^{x^2+1}\,dx$

9. $\displaystyle\int \frac{e^{\sqrt{x}}}{\sqrt{x}}\,dx$

10. $\displaystyle\int \frac{1}{x\ln x}\,dx$

삼각함수의 부정적분을 구할 때에는 삼각함수 항등식에 의한 식의 변형이 필요한 경우도 있다. 주로 쓰이는 삼각함수 항등식은 $\cos^2 x + \sin^2 x = 1$, 배각 공식, 반각 공식이다.

예제 3. 다음 부정적분을 구하라.

$$(1) \int \cos^3 x\,dx \qquad\qquad (2) \int \sin x \cos 2x\,dx \qquad\qquad (3) \int \sin^4 x\,dx$$

풀이 (1) $\cos^2 x + \sin^2 x = 1$이므로 $\cos^3 x = \cos^2 x \cos x = (1 - \sin^2 x)\cos x$이다. $\sin x$를 t로 치환하면 $\cos x\,dx \to dt$이므로

$$\int \cos^3 x\,dx = \int (1 - t^2)\,dt = t - \frac{1}{3}t^3 + C = \sin x - \frac{1}{3}\sin^3 x + C$$

(2) $\cos 2x = 2\cos^2 x - 1$이므로 $\sin x \cos 2x = \sin x(2\cos^2 x - 1)$이다. $\cos x$를 t로 치환하면 $-\sin x\,dx \to dt$이므로

$$\int \sin x \cos 2x\,dx = -\int (2t^2 - 1)\,dt = -\frac{2}{3}t^3 + t + C = -\frac{2}{3}\cos^3 x + \cos x + C$$

(3) $\sin^2 x = \dfrac{1 - \cos 2x}{2}$, $\cos^2 2x = \dfrac{1 + \cos 4x}{2}$이므로

$$\sin^4 x = \left(\frac{1 - \cos 2x}{2}\right)^2 = \frac{1}{4} - \frac{1}{2}\cos 2x + \frac{1}{4}\cos^2 2x = \frac{3}{8} - \frac{1}{2}\cos 2x + \frac{1}{8}\cos 4x$$

따라서

$$\int \sin^4 x\,dx = \frac{3}{8}x - \frac{1}{4}\sin 2x + \frac{1}{32}\sin 4x + C$$

♣ 확인 문제

다음 부정적분을 구하라.

1. $\displaystyle\int \sin^2 x\,dx$

3. $\displaystyle\int (\sin x + \cos x)^2\,dx$

2. $\displaystyle\int \cos x \cos 2x\,dx$

4. $\displaystyle\int \frac{\sin x}{1 - \sin x}\,dx$

sin x, cos x 외의 삼각함수의 부정적분은 sin x, cos x 의 식으로 변형하는 것이 부정적분을 구하는 주요한 방법이다. 예를 들어 $\tan x$ 는 $\dfrac{\sin x}{\cos x}$ 로 변형할 수 있다. $\tan x$, $\sec x$ 로 이루어진 삼각함수의 부정적분을 구할 때에는 $1 + \tan^2 x = \sec^2 x$ 가 주로 쓰인다.

예제 4. 다음 부정적분을 구하라.

$$(1) \int \tan x \, dx \qquad\qquad (2) \int \tan^3 x \, dx$$

$\boxed{\text{풀이}}$ (1) $\tan x = \dfrac{\sin x}{\cos x}$ 이다. cos x 를 t 로 치환하면 $-\sin x \, dx \to dt$ 이므로

$$\int \tan x \, dx = \int \frac{-1}{\cos x} \cdot (-\sin x) \, dx = -\int \frac{1}{t} \, dt = -\ln|t| + C = -\ln|\cos x| + C$$

(2) $\tan^3 x = \tan x \tan^2 x = \tan x(\sec^2 x - 1)$ 이다. $\tan x$ 를 t 로 치환하면 $\sec^2 x \, dx \to dt$ 이므로

$$\int \tan x \sec^2 x \, dx = \int t \, dt = \frac{1}{2}t^2 + C = \frac{1}{2}\tan^2 x + C$$

따라서

$$\int \tan^3 x \, dx = \int \tan x \sec^2 x \, dx - \int \tan x \, dx = \frac{1}{2}\tan^2 x + \ln|\cos x| + C$$

* $\tan^3 x = \dfrac{\sin^3 x}{\cos^3 x} = \dfrac{1 - \cos^2 x}{\cos^3 x} \cdot \sin x$ 이므로 cos x 를 t 로 치환하여

$$\int \tan^3 x \, dx = -\int \frac{1 - t^2}{t^3} \, dt = \frac{1}{2t^2} + \ln|t| + C = \frac{1}{2}\sec^2 x + \ln|\cos x| + C$$

와 같이 구할 수도 있다. 여기에서 $\sec^2 x = 1 + \tan^2 x$ 이므로 위와 같은 함수이다.

♣ 확인 문제

다음 부정적분을 구하라.

$$1. \int \tan^2 x \, dx \qquad\qquad 2. \int \tan x \sec^3 x \, dx$$

3.2 연습문제

다음 부정적분을 구하라.

1. $\displaystyle\int (3x-2)^{20}\,dx$

2. $\displaystyle\int (x^2+1)(x^3+3x)^4\,dx$

3. $\displaystyle\int \frac{1}{5-3x}\,dx$

4. $\displaystyle\int (x+1)\sqrt{2x+x^2}\,dx$

5. $\displaystyle\int \sin \pi x\,dx$

6. $\displaystyle\int x\sin x^2\,dx$

7. $\displaystyle\int 5^x \sin 5^x\,dx$

8. $\displaystyle\int \frac{\cos x}{\sin^2 x}\,dx$

9. $\displaystyle\int \frac{\sin 2x}{1+\cos^2 x}\,dx$

10. $\displaystyle\int \cot x\,dx$

11. $\displaystyle\int \sec^2 x \tan^3 x\,dx$

12. $\displaystyle\int \frac{e^x}{(1-e^x)^2}\,dx$

13. $\displaystyle\int e^x\sqrt{1+e^x}\,dx$

14. $\displaystyle\int e^{\tan x}\sec^2 x\,dx$

15. $\displaystyle\int \frac{(\ln x)^2}{x}\,dx$

3.3. 부분적분법

두 함수의 곱으로 된 함수를 적분할 때 유용하게 쓰일 수 있는 방법이 **부분적분법**이다.

부분적분법

$$\int f(x)g(x)\,dx = F(x)g(x) - \int F(x)g'(x)\,dx$$

$$\int f(x)g(x)\,dx = f(x)G(x) - \int f'(x)G(x)\,dx$$

(단, $F(x)$, $G(x)$는 각각 $f(x)$, $g(x)$의 부정적분)

조언 1 부분적분법을 쓰려면 적분하려는 함수를 $f(x)$와 $g(x)$의 곱으로 본 다음, $f(x)$가 적분하기 쉬우면 $F(x)$가 포함된 첫째 공식을, $g(x)$가 적분하기 쉬우면 $G(x)$가 포함된 둘째 공식을 쓴다. 둘 다 적분하기 쉬우면 $F(x)g'(x)$와 $f'(x)G(x)$ 가운데 적분하기 쉬운 쪽에 맞추어 공식을 적용한다.

조언 2 부분적분법의 $F(x)$나 $G(x)$는 적분상수를 무시하고 구한다.

예제 1. 다음 부정적분을 구하라.

$$(1) \int x\sin x\,dx \qquad (2) \int \ln x\,dx \qquad (3) \int e^x \sin x\,dx$$

풀이 (1) $f(x) = x$, $g(x) = \sin x$라 하자. 둘 다 적분하기 쉬우므로

$$F(x)g'(x) = \frac{1}{2}x^2\cos x, \qquad f'(x)G(x) = -\cos x$$

를 비교하면 $f'(x)G(x)$가 적분하기 쉬우므로

$$\int x\sin x\,dx = x(-\cos x) - \int(-\cos x)\,dx = -x\cos x + \sin x + C$$

(2) $\ln x$는 두 함수의 곱으로 보이지 않지만 $f(x) = 1$, $g(x) = \ln x$라 하면 두 함수의 곱으로 볼 수 있다. $f(x)$가 적분하기 쉬우므로

$$\int \ln x\,dx = x\ln x - \int x \cdot \frac{1}{x}\,dx = x\ln x - x + C$$

(3) $f(x) = e^x$, $g(x) = \sin x$라 하자. 둘 다 적분하기 쉽고 $F(x)g'(x) = e^x \cos x$, $f'(x)G(x) = -e^x \cos x$도 부호 차이뿐이므로 어느 공식을 써도 상관없다. 첫째 공식을 쓰면

$$\int e^x \sin x \, dx = e^x \sin x - \int e^x \cos x \, dx$$

다시 $f(x) = e^x$, $g(x) = \cos x$라 하면 둘 다 적분하기 쉽고 $F(x)g'(x)$, $f'(x)G(x)$도 부호 차이뿐이므로 이번에도 첫째 공식을 쓰면

$$\int e^x \cos x \, dx = e^x \cos x - \int e^x (-\sin x) \, dx$$

따라서

$$\int e^x \sin x \, dx = e^x \sin x - e^x \cos x - \int e^x \sin x \, dx$$

정리하면

$$\int e^x \sin x \, dx = \frac{1}{2} e^x (\sin x - \cos x) + C$$

♣ 확인 문제

다음 부정적분을 구하라.

1. $\displaystyle\int x \cos x \, dx$ 3. $\displaystyle\int x^2 \ln x \, dx$

2. $\displaystyle\int x e^{2x} \, dx$ 4. $\displaystyle\int x^2 e^{-3x} \, dx$

3.3 연습문제

다음 부정적분을 구하라.

1. $\displaystyle\int x\cos 5x\,dx$

2. $\displaystyle\int xe^{x/2}\,dx$

3. $\displaystyle\int (x^2+2x)\cos x\,dx$

4. $\displaystyle\int \ln\sqrt[3]{x}\,dx$

5. $\displaystyle\int \arctan 4x\,dx$

6. $\displaystyle\int x\sec^2 2x\,dx$

7. $\displaystyle\int (\ln x)^2\,dx$

8. $\displaystyle\int e^{2x}\sin 3x\,dx$

9. $\displaystyle\int x^3 e^x\,dx$

10. $\displaystyle\int \frac{xe^{2x}}{(1+2x)^2}\,dx$

치환적분법과 부분적분법을 적절히 써서 다음 부정적분을 구하라.

11. $\displaystyle\int \cos x\ln(\sin x)\,dx$

12. $\displaystyle\int \cos\sqrt{x}\,dx$

13. $\displaystyle\int x^3\cos x^2\,dx$

14. $\displaystyle\int x\ln(1+x)\,dx$

15. $\displaystyle\int x^3\sqrt{1+x^2}\,dx$

3.4.   유리함수의 적분법

유리함수는 부정적분을 구하는 체계적인 방법이 있다. 그 방법은 유리함수를 부분분수로 분해하는 것이다.

> **유리함수의 적분법**
>
> **1단계** 분자의 차수가 분모의 차수 이상이면 분자를 분모로 나눈 몫과 나머지를 구해 분자의 차수를 분모의 차수보다 낮춘다.
>
> **2단계** 분모를 인수분해한 다음 부분분수로 분해한다.
>
> **3단계** 부분분수로 분해한 각 항을 적분한다.

$\boxed{\text{조언 1}}$ $\dfrac{f(x)}{g(x)}$ 를 부분분수로 분해하는 방법은 다음과 같다. 예를 들어 분모가 $(x+a)(x+b)^2(x^2+cx+d)^3$ 으로 인수분해되었다고 하면

$$
\begin{aligned}
\frac{f(x)}{g(x)} &= \frac{A}{x+a} \\
&+ \frac{B}{x+b} + \frac{C}{(x+b)^2} \\
&+ \frac{Dx+E}{x^2+cx+d} + \frac{Fx+G}{(x^2+cx+d)^2} + \frac{Hx+I}{(x^2+cx+d)^3}
\end{aligned}
$$

라 하고 A, B, $\cdots$, I 를 구한다. 여기에서 부분분수를 구성하는 각 항의 분모는 인수의 거듭제곱이고, 항의 개수는 인수가 곱해진 횟수와 같다. 각 항의 분자는 분모의 인수보다 차수가 하나 낮은 다항식이다.

$\boxed{\text{조언 2}}$ 부분분수로 분해한 항 가운데 분모가 인수분해되지 않는 이차식인 것은 완전제곱식으로 고치고

$$
\frac{Ax+B}{((x+p)^2+q)^n} = \frac{A(x+p)}{((x+p)^2+q)^n} + \frac{B-Ap}{((x+p)^2+q)^n}
$$

로 변형한 다음, 첫째 항은 $(x+p)^2+q$ 를 t 로 치환하여, 둘째 항은 $x+p$ 를 $\sqrt{q}\tan\theta$ 로 치환하여 적분한다. 특히 $n=1$ 인 경우 둘째 항의 적분은

$$
\int \frac{1}{(x+p)^2+q}\, dx = \frac{1}{\sqrt{q}} \arctan \frac{x+p}{\sqrt{q}} + C
$$

로 기억하면 편리하다.

예제 1. 부정적분 $\displaystyle\int \frac{x^4 - 2x^2 + 4x + 1}{x^3 - x^2 - x + 1}\, dx$ 를 구하라.

1단계   분자를 분모로 나누면 $\displaystyle\frac{x^4 - 2x^2 + 4x + 1}{x^3 - x^2 - x + 1} = x + 1 + \frac{4x}{x^3 - x^2 - x + 1}$

2단계   분모를 인수분해하면

$$x^3 - x^2 - x + 1 = x^2(x-1) - (x-1) = (x^2 - 1)(x-1) = (x-1)^2(x+1)$$

부분분수로 분해하기 위하여

$$\frac{4x}{x^3 - x^2 - x + 1} = \frac{A}{x-1} + \frac{B}{(x-1)^2} + \frac{C}{x+1}$$

라 하고 양변의 계수를 비교하면

$$A + C = 0, \qquad B - 2C = 4, \qquad -A + B + C = 0$$

따라서 $A = 1,\ B = 2,\ C = -1$

3단계   적분하면

$$\begin{aligned}\int \frac{x^4 - 2x^2 + 4x + 1}{x^3 - x^2 - x + 1}\, dx &= \int \left(x + 1 + \frac{1}{x-1} + \frac{2}{(x-1)^2} - \frac{1}{x+1} \right) dx \\ &= \frac{1}{2}x^2 + x + \ln|x-1| - \frac{2}{x-1} - \ln|x+1| + C\end{aligned}$$

♣ 확인 문제

다음 부정적분을 구하라.

1. $\displaystyle\int \frac{x-5}{x^2 - 1}\, dx$

2. $\displaystyle\int \frac{6x}{x^2 - x - 2}\, dx$

3. $\displaystyle\int \frac{5x - 23}{6x^2 - 11x - 7}\, dx$

4. $\displaystyle\int \frac{x-1}{x^3 + 4x^2 + 4x}\, dx$

5. $\displaystyle\int \frac{4x^2 - 7x - 17}{6x^2 - 11x - 10}\, dx$

6. $\displaystyle\int \frac{2x + 3}{x^2 + 2x + 1}\, dx$

예제 2. 부정적분 $\displaystyle\int \frac{1 - x + 2x^2 - x^3}{x(x^2+1)^2}\,dx$ 를 구하라.

$\boxed{\text{1단계}}$ (분자의 차수가 분모의 차수보다 낮으므로 생략)

$\boxed{\text{2단계}}$ 분모가 인수분해되어 있으므로 부분분수로 분해하기 위하여

$$\frac{1 - x + 2x^2 - x^3}{x(x^2+1)^2} = \frac{A}{x} + \frac{Bx+C}{x^2+1} + \frac{Dx+E}{(x^2+1)^2}$$

라 하고 양변의 계수를 비교하면

$$A+B=0, \qquad C=-1, \qquad 2A+B+D=2, \qquad C+E=-1, \qquad A=1$$

따라서 $A=1$, $B=-1$, $C=-1$, $D=1$, $E=0$

$\boxed{\text{3단계}}$ 적분하면

$$
\begin{aligned}
\int \frac{1-x+2x^2-x^3}{x(x^2+1)^2}\,dx
&= \int \left(\frac{1}{x} - \frac{x+1}{x^2+1} + \frac{x}{(x^2+1)^2} \right) dx \\
&= \int \frac{1}{x}\,dx - \int \frac{x}{x^2+1}\,dx - \int \frac{1}{x^2+1}\,dx + \int \frac{x}{(x^2+1)^2}\,dx \\
&= \ln|x| - \frac{1}{2}\ln(x^2+1) - \arctan x - \frac{1}{2(x^2+1)} + C
\end{aligned}
$$

♣ 확인 문제

다음 부정적분을 구하라.

1. $\displaystyle\int \frac{x+2}{x^3+x}\,dx$

2. $\displaystyle\int \frac{2x^2-x+4}{x^3+4x}\,dx$

3. $\displaystyle\int \frac{x^3-4}{x^3+2x^2+2x}\,dx$

4. $\displaystyle\int \frac{3x^3+1}{x^3-x^2+x-1}\,dx$

유리함수의 적분법은 다른 함수를 적분할 때에도 쓰일 수 있다.

예제 3. 다음 부정적분을 구하라.

(1) $\displaystyle\int \frac{\sqrt{x+4}}{x}\, dx$ (2) $\displaystyle\int \sec x\, dx$

풀이 (1) $\sqrt{x+4}$를 t로 치환하면 $\dfrac{1}{2\sqrt{x+4}}\, dx \to dt$ 이므로

$$\int \frac{\sqrt{x+4}}{x}\, dx = \int \frac{2(x+4)}{x} \cdot \frac{1}{2\sqrt{x+4}}\, dx = \int \frac{2t^2}{t^2-4}\, dt$$

$\dfrac{2t^2}{t^2-4} = 2 + \dfrac{2}{t-2} - \dfrac{2}{t+2}$ 이므로

$$\begin{aligned}
\int \frac{\sqrt{x+4}}{x}\, dx &= 2t + 2\ln|t-2| - 2\ln|t+2| + C \\
&= 2\sqrt{x+4} + 2\ln\left|\sqrt{x+4}-2\right| - 2\ln\left|\sqrt{x+4}+2\right| + C
\end{aligned}$$

(2) $\sec x = \dfrac{1}{\cos x} = \dfrac{\cos x}{\cos^2 x} = \dfrac{\cos x}{1-\sin^2 x}$ 이다. $\sin x$를 t로 치환하면 $\cos x\, dx \to dt$ 이므로

$$\begin{aligned}
\int \sec x\, dx &= \int \frac{1}{1-t^2}\, dt = \int \frac{1}{2}\left(\frac{1}{1+t} + \frac{1}{1-t}\right) dt \\
&= \frac{1}{2}\ln|1+t| - \frac{1}{2}\ln|1-t| + C \\
&= \frac{1}{2}\ln|1+\sin x| - \frac{1}{2}\ln|1-\sin x| + C \\
&= \ln|\sec x + \tan x| + C
\end{aligned}$$

♣ 확인 문제

다음 부정적분을 구하라.

1. $\displaystyle\int \frac{1}{2\sqrt{x+3}+x}\, dx$

2. $\displaystyle\int \frac{1}{\sin x}\, dx$

3. $\displaystyle\int \frac{1}{e^x+1}\, dx$

4. $\displaystyle\int \frac{1}{e^{2x}+1}\, dx$

3.4   연습문제

다음 부정적분을 구하라.

1. $\displaystyle\int \frac{x}{x-6}\,dx$

2. $\displaystyle\int \frac{x-9}{(x+5)(x-2)}\,dx$

3. $\displaystyle\int \frac{x^2+1}{(x-3)(x-2)^2}\,dx$

4. $\displaystyle\int \frac{x^3+4}{x^2+4}\,dx$

5. $\displaystyle\int \frac{10}{(x-1)(x^2+9)}\,dx$

6. $\displaystyle\int \frac{4x}{x^3+x^2+x+1}\,dx$

7. $\displaystyle\int \frac{x^3+x^2+2x+1}{(x^2+1)(x^2+2)}\,dx$

8. $\displaystyle\int \frac{x+4}{x^2+2x+5}\,dx$

9. $\displaystyle\int \frac{1}{x^3-1}\,dx$

10. $\displaystyle\int \frac{1}{x(x^2+4)^2}\,dx$

11. $\displaystyle\int \frac{x^2-3x+7}{(x^2-4x+6)^2}\,dx$

12. $\displaystyle\int \frac{1}{x^2+x\sqrt{x}}\,dx$

13. $\displaystyle\int \frac{\sqrt{1+\sqrt{x}}}{x}\,dx$

14. $\displaystyle\int \frac{\sin x \cos x}{\sin^4 x+\cos^4 x}\,dx$

15. $\displaystyle\int \frac{e^x}{e^x+e^{-x}}\,dx$

3.5. 삼각치환법

$$\sqrt{a^2 - x^2}, \qquad \sqrt{a^2 + x^2}, \qquad \sqrt{x^2 - a^2}$$

를 포함한 함수를 적분할 때에는 특별한 꼴의 치환이 유용하다. 이를 **삼각치환법**이라 한다.

삼각치환법

$$\sqrt{a^2 - x^2} \implies x \text{를 } a\sin\theta \left(-\frac{\pi}{2} \le \theta \le \frac{\pi}{2}\right) \text{로 치환}$$

$$\sqrt{a^2 + x^2} \implies x \text{를 } a\tan\theta \left(-\frac{\pi}{2} < \theta < \frac{\pi}{2}\right) \text{로 치환}$$

$$\sqrt{x^2 - a^2} \implies x \text{를 } a\sec\theta \left(0 \le \theta < \frac{\pi}{2}, \ \frac{\pi}{2} < \theta \le \pi\right) \text{로 치환}$$

이때

$$\int f(x)\,dx = \int f(g(\theta))g'(\theta)\,d\theta$$

조언 1 삼각치환법은 $g(x)$ 를 t 로 치환하는 여타 치환적분법과 반대로 x 를 $g(\theta)$ 로 치환한다. 삼각치환법은

$$dx \to g'(\theta)\,d\theta$$

라고 기억하면 좋다.

조언 2 삼각치환법으로 구한 θ 의 부정적분을 x 의 부정적분으로 고칠 때, 원론적으로는

$$x \text{를} \quad \begin{matrix} a\sin\theta \\ a\tan\theta \\ a\sec\theta \end{matrix} \quad \text{로 치환했다면 } \theta \text{에} \quad \begin{matrix} \arcsin\frac{x}{a} \\ \arctan\frac{x}{a} \\ \arccos\frac{a}{x} \end{matrix} \quad \text{를 대입}$$

하면 된다. 그러나 θ 의 부정적분이 $\cos\theta$, $\tan\theta$ 등의 삼각함수를 포함하면 대수적인 계산으로는 식을 간단히 하기 어렵다. 그래서 $\sin\theta$, $\tan\theta$, $\sec\theta$ 가 각각 $\dfrac{x}{a}$ 인 직각삼각형을 그려 $\cos\theta$, $\tan\theta$ 등의 삼각함수를 x 의 식으로 나타낸다.

예제 1. 다음 부정적분을 구하라.

$$(1) \int \frac{x}{\sqrt{3 - 2x - x^2}}\,dx \qquad (2) \int \frac{1}{x^2\sqrt{x^2 + 4}}\,dx \qquad (3) \int \frac{1}{x\sqrt{x^2 - 25}}\,dx$$

$\boxed{\text{풀이}}$ (1) $3 - 2x - x^2$을 완전제곱식으로 고치면 삼각치환법을 쓸 수 있다. $3 - 2x - x^2 = 4 - (x+1)^2$이므로 $x+1$을 $2\sin\theta$로 치환하면 $dx \to 2\cos\theta\, d\theta$이고

$$\int \frac{x}{\sqrt{3 - 2x - x^2}}\, dx = \int \frac{2\sin\theta - 1}{2\cos\theta} \cdot 2\cos\theta\, d\theta = \int (2\sin\theta - 1)\, d\theta = -2\cos\theta - \theta + C$$

$\cos\theta$를 x로 나타내기 위하여, $\sin\theta = \frac{x+1}{2}$이므로 빗변의 길이가 2, 높이가 $x+1$인 직각삼각형을 생각하면 $\cos\theta = \frac{\sqrt{3 - 2x - x^2}}{2}$이므로

$$\int \frac{x}{\sqrt{3 - 2x - x^2}}\, dx = -\sqrt{3 - 2x - x^2} - \arcsin\frac{x+1}{2} + C$$

(2) x를 $2\tan\theta$로 치환하면 $dx \to 2\sec^2\theta\, d\theta$이므로 $\sin\theta$를 치환하여

$$\int \frac{1}{x^2\sqrt{x^2 + 4}}\, dx = \int \frac{2\sec^2\theta}{4\tan^2\theta \cdot 2\sec\theta}\, d\theta = \frac{1}{4}\int \frac{\cos\theta}{\sin^2\theta}\, d\theta = -\frac{1}{4\sin\theta} + C$$

$\sin\theta$를 x로 나타내기 위하여, $\tan\theta = \frac{x}{2}$이므로 밑변의 길이가 2, 높이가 x인 직각삼각형을 생각하면 $\sin\theta = \frac{x}{\sqrt{x^2 + 4}}$이므로

$$\int \frac{1}{x^2\sqrt{x^2 + 4}}\, dx = -\frac{\sqrt{x^2 + 4}}{4x} + C$$

(3) x를 $5\sec\theta$로 치환하면 $dx \to 5\sec\theta\tan\theta\, d\theta$이므로

$$\int \frac{1}{x\sqrt{x^2 - 25}}\, dx = \int \frac{5\sec\theta\tan\theta}{5\sec\theta \cdot 5|\tan\theta|}\, d\theta = \begin{cases} \int \frac{1}{5}\, d\theta = \frac{1}{5}\theta + C & \left(0 \leq \theta < \frac{\pi}{2}\right) \\ -\int \frac{1}{5}\, d\theta = -\frac{1}{5}\theta + C & \left(\frac{\pi}{2} < \theta \leq \pi\right) \end{cases}$$

따라서

$$\int \frac{1}{x\sqrt{x^2 - 25}}\, dx = \begin{cases} \dfrac{1}{5}\arccos\dfrac{5}{x} + C & (x \geq 5) \\ -\dfrac{1}{5}\arccos\dfrac{5}{x} + C & (x \leq -5) \end{cases}$$

♣ 확인 문제

다음 부정적분을 구하라.

1. $\displaystyle\int \frac{1}{x^2\sqrt{9 - x^2}}\, dx$
3. $\displaystyle\int \frac{x^2}{\sqrt{9 + x^2}}\, dx$

2. $\displaystyle\int \frac{x^2}{\sqrt{16 - x^2}}\, dx$
4. $\displaystyle\int \sqrt{16 + x^2}\, dx$

3.5 연습문제

다음 부정적분을 구하라.

1. $\displaystyle\int \frac{\sqrt{9-x^2}}{x^2}\,dx$

2. $\displaystyle\int \frac{x}{\sqrt{x^2+4}}\,dx$

3. $\displaystyle\int \frac{1}{\sqrt{x^2-1}}\,dx$

4. $\displaystyle\int \frac{1}{x^2\sqrt{x^2-9}}\,dx$

5. $\displaystyle\int \frac{x^3}{\sqrt{x^2+9}}\,dx$

6. $\displaystyle\int \frac{1}{\sqrt{x^2+16}}\,dx$

7. $\displaystyle\int \sqrt{1-4x^2}\,dx$

8. $\displaystyle\int \frac{\sqrt{x^2-9}}{x^3}\,dx \ (x>3)$

9. $\displaystyle\int \frac{x}{\sqrt{x^2-7}}\,dx$

10. $\displaystyle\int \frac{\sqrt{1+x^2}}{x}\,dx$

11. $\displaystyle\int \sqrt{5+4x-x^2}\,dx$

12. $\displaystyle\int \frac{x}{\sqrt{x^2+x+1}}\,dx$

13. $\displaystyle\int \sqrt{x^2+2x}\,dx$

14. $\displaystyle\int x\sqrt{1-x^4}\,dx$

15. $\displaystyle\int \sqrt{1-x^2}\,dx$

정적분

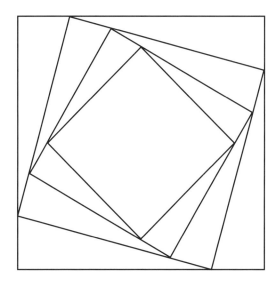

4.1.   정적분

부정적분만 구하면 정적분을 구한 것이나 다름없다. 부정적분에 적분구간 양 끝의
값을 대입하기만 하면 정적분이 구해지기 때문이다.

정적분의 계산

$$\int_a^b f(x)\,dx = F(b) - F(a) \ \text{(단, } F(x)\text{는 } f(x)\text{의 부정적분)}$$

조언   정적분을 구할 때 부정적분의 적분상수는 무시한다.

예제 1. 정적분 $\displaystyle\int_0^\pi e^x \sin x\,dx$ 를 구하라.

풀이   40쪽에서

$$\int e^x \sin x\,dx = \frac{1}{2}e^x(\sin x - \cos x) + C$$

이므로

$$\int_0^\pi e^x \sin x\,dx = \left[\frac{1}{2}e^x(\sin x - \cos x)\right]_0^\pi = \frac{e^\pi + 1}{2}$$

♣ 확인 문제

다음 정적분을 구하라.

1. $\displaystyle\int_0^1 \frac{x}{(2x+1)^3}\,dx$

2. $\displaystyle\int_1^2 x\sqrt{x-1}\,dx$

3. $\displaystyle\int_0^{\pi/2} \sin^3 x\,dx$

4. $\displaystyle\int_{\ln 2}^1 \frac{1}{e^x - e^{-x}}\,dx$

5. $\displaystyle\int_0^{\pi/2} x^2 \cos x\,dx$

6. $\displaystyle\int_0^1 x^2 e^{2x}\,dx$

7. $\displaystyle\int_0^1 \ln(x+1)\,dx$

8. $\displaystyle\int_1^e \frac{\ln x}{x^2}\,dx$

4.1 연습문제

다음 정적분을 구하라.

1. $\displaystyle\int_0^1 (3x+1)^{\sqrt 2}\, dx$

2. $\displaystyle\int_0^2 \frac{2x}{(x-3)^2}\, dx$

3. $\displaystyle\int_{-1}^1 \frac{e^{\arctan x}}{1+x^2}\, dx$

4. $\displaystyle\int_1^3 x^4 \ln x\, dx$

5. $\displaystyle\int_0^4 \frac{x-1}{x^2-4x-5}\, dx$

6. $\displaystyle\int_0^{\sqrt 2/2} \frac{x^2}{\sqrt{1-x^2}}\, dx$

7. $\displaystyle\int_0^\pi x\cos^2 x\, dx$

8. $\displaystyle\int_1^4 \frac{e^{\sqrt x}}{\sqrt x}\, dx$

9. $\displaystyle\int_0^1 (1+\sqrt x)^8\, dx$

10. $\displaystyle\int_0^4 \frac{6x+5}{2x+1}\, dx$

11. $\displaystyle\int_{\pi/4}^{\pi/2} \frac{1+4\cot x}{4-\cot x}\, dx$

12. $\displaystyle\int_0^{\pi/4} \tan^3 x \sec^2 x\, dx$

13. $\displaystyle\int_{\pi/6}^{\pi/3} \frac{\sin x \cot x}{\sec x}\, dx$

14. $\displaystyle\int_{\pi/4}^{\pi/3} \frac{\ln(\tan x)}{\sin x \cos x}\, dx$

15. $\displaystyle\int_1^{\sqrt 3} \frac{\sqrt{1+x^2}}{x^2}\, dx$

4.2.   특이적분

적분구간의 한쪽 또는 양쪽 끝이 $\pm\infty$ 인 정적분은 극한을 취하여 구한다. 이러한 정적분을 보통의 정적분과 구별하여 **특이적분**이라 한다. 극한이 수렴하면 특이적분이 **수렴한다**, 발산하면 **발산한다**고 한다.

적분구간의 한쪽 또는 양쪽 끝이 $\pm\infty$ 인 특이적분

적분구간의 오른쪽 끝이 ∞ 일 때

$$\int_a^\infty f(x)\,dx = \lim_{b\to\infty} \int_a^b f(x)\,dx$$

적분구간의 왼쪽 끝이 $-\infty$ 일 때

$$\int_{-\infty}^b f(x)\,dx = \lim_{a\to-\infty} \int_a^b f(x)\,dx$$

적분구간의 양쪽 끝이 $\pm\infty$ 일 때

$$\int_{-\infty}^\infty f(x)\,dx = \int_{-\infty}^a f(x)\,dx + \int_a^\infty f(x)\,dx \ (단, a 는 임의의 실수)$$

$\boxed{조언}$ 적분구간의 양쪽 끝이 $\pm\infty$ 인 특이적분에서 a 는 계산이 간단한 것으로 택하면 된다. 한편, $\int_{-\infty}^a f(x)\,dx$, $\int_a^\infty f(x)\,dx$ 가운데 어느 하나라도 발산하면 특이적분은 발산한다고 한다.

예제 1. 다음 특이적분을 구하라.

$$(1)\ \int_0^\infty \frac{1}{x}\,dx \qquad\qquad (2)\ \int_{-\infty}^0 xe^x\,dx \qquad\qquad (3)\ \int_{-\infty}^\infty \frac{1}{1+x^2}\,dx$$

$\boxed{풀이}$ (1)

$$\int_0^\infty \frac{1}{x}\,dx = \lim_{b\to\infty}\int_0^b \frac{1}{x}\,dx = \lim_{b\to\infty}\left[\ln|x|\right]_0^b = \infty$$

(2)
$$\int_{-\infty}^{0} xe^x \, dx = \lim_{a \to -\infty} \int_{a}^{0} xe^x \, dx = \lim_{a \to -\infty} \left[(x-1)e^x \right]_{a}^{0} = -1$$

여기에서 $\lim\limits_{a \to -\infty} (a-1)e^a$ 은 로피탈의 정리에 의하여

$$\lim_{a \to -\infty} (a-1)e^a = \lim_{a \to -\infty} \frac{a-1}{e^{-a}} = \lim_{a \to -\infty} \frac{1}{-e^{-a}} = 0$$

(3) $a = 0$ 으로 택하여 계산하면

$$
\begin{aligned}
\int_{-\infty}^{\infty} \frac{1}{1+x^2} \, dx &= \int_{-\infty}^{0} \frac{1}{1+x^2} \, dx + \int_{0}^{\infty} \frac{1}{1+x^2} \, dx \\
&= \lim_{a \to -\infty} \int_{a}^{0} \frac{1}{1+x^2} \, dx + \lim_{b \to \infty} \int_{0}^{b} \frac{1}{1+x^2} \, dx \\
&= \lim_{a \to -\infty} \left[\arctan x \right]_{a}^{0} + \lim_{b \to \infty} \left[\arctan x \right]_{0}^{b} \\
&= \frac{\pi}{2} + \frac{\pi}{2} = \pi
\end{aligned}
$$

♣ 확인 문제

다음 특이적분을 구하라.

1. $\displaystyle \int_{1}^{\infty} \frac{1}{(2x+1)^3} \, dx$

2. $\displaystyle \int_{0}^{\infty} \frac{e^x}{e^{2x}+3} \, dx$

3. $\displaystyle \int_{1}^{\infty} \frac{e^{-\sqrt{x}}}{\sqrt{x}} \, dx$

4. $\displaystyle \int_{2}^{\infty} xe^{-3x} \, dx$

5. $\displaystyle \int_{0}^{\infty} \frac{1}{x^2+3x+2} \, dx$

6. $\displaystyle \int_{-\infty}^{\infty} (x^3 - 3x^2) \, dx$

7. $\displaystyle \int_{-\infty}^{\infty} \cos \pi x \, dx$

8. $\displaystyle \int_{-\infty}^{\infty} x^3 e^{-x^4} \, dx$

적분구간에 함수가 정의되지 않는 점이 있으면 그 점을 기준으로 적분구간을 나누어 적분한다. 이러한 정적분 또한 **특이적분**이라 한다.

적분구간에 함수가 정의되지 않는 점이 있는 특이적분

적분구간의 왼쪽 끝에서 함수가 정의되지 않을 때

$$\int_a^b f(x)\,dx = \lim_{c \to a+} \int_c^b f(x)\,dx$$

적분구간의 오른쪽 끝에서 함수가 정의되지 않을 때

$$\int_a^b f(x)\,dx = \lim_{c \to b-} \int_a^c f(x)\,dx$$

적분구간의 한가운데 $x = c$에서 함수가 정의되지 않을 때

$$\int_a^b f(x)\,dx = \int_a^c f(x)\,dx + \int_c^b f(x)\,dx$$

조언 1   적분구간의 한가운데 $x = c$에서 함수가 정의되지 않는 특이적분은 $\int_a^c f(x)\,dx,\ \int_c^b f(x)\,dx$ 가운데 어느 하나라도 발산하면 발산한다고 한다.

조언 2   드물지만 적분구간에 함수가 정의되지 않는 점이 여러 개이면 적분구간을 한쪽 끝에서만 함수가 정의되지 않는 구간들로 나누어 구한다.

예제 2. 다음 특이적분을 구하라.

(1) $\displaystyle\int_2^5 \frac{1}{\sqrt{x-2}}\,dx$
　　　　　　　　　(3) $\displaystyle\int_0^3 \frac{1}{x-1}\,dx$

(2) $\displaystyle\int_0^{\pi/2} \sec x\,dx$
　　　　　　　　　(4) $\displaystyle\int_0^{\infty} \frac{1}{\sqrt{x}}\,dx$

풀이   (1) $\dfrac{1}{\sqrt{x-2}}$ 이 적분구간의 왼쪽 끝 $x = 2$에서 정의되지 않으므로

$$\int_2^5 \frac{1}{\sqrt{x-2}}\,dx = \lim_{a \to 2+} \int_a^5 \frac{1}{\sqrt{x-2}}\,dx = \lim_{a \to 2+} \left[2\sqrt{x-2}\, \right]_a^5 = 2\sqrt{3}$$

(2) $\sec x$가 적분구간의 오른쪽 끝 $x = \dfrac{\pi}{2}$에서 정의되지 않으므로 ($\sec x$의 부정적분은 45쪽 참조)

$$
\begin{aligned}
\int_0^{\pi/2} \sec x \, dx &= \lim_{b \to \pi/2-} \int_0^b \sec x \, dx \\
&= \lim_{b \to \pi/2-} \left[\ln |\sec x + \tan x| \right]_0^b = \infty \ (\text{발산})
\end{aligned}
$$

(3) $\dfrac{1}{x-1}$이 적분구간의 한가운데 $x = 1$에서 정의되지 않으므로

$$
\begin{aligned}
\int_0^3 \frac{1}{x-1} \, dx &= \int_0^1 \frac{1}{x-1} \, dx + \int_1^3 \frac{1}{x-1} \, dx \\
&= \lim_{b \to 1-} \int_0^b \frac{1}{x-1} \, dx + \lim_{a \to 1+} \int_a^3 \frac{1}{x-1} \, dx \\
&= \lim_{b \to 1-} \left[\ln|x-1| \right]_0^b + \lim_{a \to 1+} \left[\ln|x-1| \right]_a^0 = -\infty + \infty \ (\text{발산})
\end{aligned}
$$

(4) $\dfrac{1}{\sqrt{x}}$이 정의되지 않는 점이 $x = 0$이고 적분구간의 오른쪽 끝이 ∞이므로 $(0, \infty)$를 함수가 정의되지 않는 점이 한쪽 끝에만 있도록 $(0, 1]$, $[1, \infty)$로 나누면

$$
\begin{aligned}
\int_0^\infty \frac{1}{\sqrt{x}} \, dx &= \int_0^1 \frac{1}{\sqrt{x}} \, dx + \int_1^\infty \frac{1}{\sqrt{x}} \, dx \\
&= \lim_{a \to 0+} \int_a^1 \frac{1}{\sqrt{x}} \, dx + \lim_{b \to \infty} \int_1^b \frac{1}{\sqrt{x}} \, dx \\
&= \lim_{a \to 0+} \left[\frac{1}{2} \sqrt{x} \right]_a^1 + \lim_{b \to \infty} \left[\frac{1}{2} \sqrt{x} \right]_1^b = \frac{1}{2} + \infty = \infty \ (\text{발산})
\end{aligned}
$$

♣ 확인 문제

다음 특이적분을 구하라.

1. $\displaystyle\int_2^3 \frac{1}{\sqrt{3-x}} \, dx$

2. $\displaystyle\int_6^8 \frac{4}{(x-6)^3} \, dx$

3. $\displaystyle\int_0^1 \frac{1}{\sqrt{1-x^2}} \, dx$

4. $\displaystyle\int_0^5 \frac{x}{x-2} \, dx$

4.2 연습문제

다음 특이적분을 구하라.

1. $\displaystyle\int_3^\infty \frac{1}{(x-2)^{3/2}}\,dx$

2. $\displaystyle\int_{-\infty}^0 \frac{1}{3-4x}\,dx$

3. $\displaystyle\int_2^\infty e^{-5x}\,dx$

4. $\displaystyle\int_0^\infty \frac{x^2}{\sqrt{1+x^3}}\,dx$

5. $\displaystyle\int_{-\infty}^\infty xe^{-x^2}\,dx$

6. $\displaystyle\int_0^\infty \sin^2 x\,dx$

7. $\displaystyle\int_1^\infty \frac{x+1}{x^2+2x}\,dx$

8. $\displaystyle\int_{-\infty}^0 xe^{2x}\,dx$

9. $\displaystyle\int_1^\infty \frac{\ln x}{x}\,dx$

10. $\displaystyle\int_{-\infty}^\infty \frac{x^2}{9+x^6}\,dx$

11. $\displaystyle\int_e^\infty \frac{1}{x(\ln x)^3}\,dx$

12. $\displaystyle\int_0^1 \frac{3}{x^5}\,dx$

13. $\displaystyle\int_{-2}^{14} \frac{1}{(x+2)^{1/4}}\,dx$

14. $\displaystyle\int_{-2}^3 \frac{1}{x^4}\,dx$

15. $\displaystyle\int_0^9 \frac{1}{\sqrt[3]{x-1}}\,dx$

4.3. 넓이, 부피, 길이, 겉넓이

정적분으로 여러 도형의 넓이, 부피, 길이, 겉넓이 등을 구할 수 있다.

그래프 사이의 넓이

곡선 $y = f(x)$, $y = g(x)$와 직선 $x = a$, $x = b$로 둘러싸인 영역의 넓이는

$$\int_a^b |f(x) - g(x)|\, dx$$

예제 1. 곡선 $y = \sin x$, $y = \cos x$와 직선 $x = 0$, $x = \dfrac{\pi}{2}$로 둘러싸인 영역의 넓이를 구하라.

$\boxed{\text{풀이}}$ 곡선 $y = \sin x$, $y = \cos x$와 직선 $x = 0$, $x = \dfrac{\pi}{2}$로 둘러싸인 영역의 넓이는

$$\int_0^{\pi/2} |\cos x - \sin x|\, dx$$

$x = \dfrac{\pi}{4}$의 좌우로 $\cos x$와 $\sin x$의 대소가 바뀌므로

$$
\begin{aligned}
\int_0^{\pi/2} |\cos x - \sin x|\, dx &= \int_0^{\pi/4} (\cos x - \sin x)\, dx + \int_{\pi/4}^{\pi/2} (\sin x - \cos x)\, dx \\
&= \Big[\sin x + \cos x\Big]_0^{\pi/4} + \Big[-\cos x - \sin x\Big]_{\pi/4}^{\pi/2} = 2\sqrt{2} - 2
\end{aligned}
$$

♣ 확인 문제

다음 곡선으로 둘러싸인 영역의 넓이를 구하라.

1. $y = x^3$, $y = x^2 - 1$, $x = 1$, $x = 3$

2. $y = e^x$, $y = x - 1$, $x = -2$, $x = 0$

3. $y = x^2 - 1$, $y = 7 - x^2$

4. $y = x^3$, $y = 3x + 2$

회전체의 부피

곡선 $y = f(x)$와 직선 $x = a$, $x = b$로 둘러싸인 영역을 x축 둘레로 회전시킨 회전체의 부피는

$$\pi \int_a^b f(x)^2 \, dx$$

y축 둘레로 회전시킨 회전체의 부피는

$$2\pi \int_a^b x f(x) \, dx \ (\text{단}, \ f(x) \geqq 0, \ a \geqq 0)$$

예제 2. (1) 곡선 $y = x$와 $y = x^2$으로 둘러싸인 영역을 x축 둘레로 회전시킨 회전체의 부피를 구하라.
(2) 곡선 $y = 2x^2 - x^3$과 $y = 0$으로 둘러싸인 영역을 y축 둘레로 회전시킨 회전체의 부피를 구하라.

보기 **풀이** (1) 곡선 $y = x$와 $y = x^2$의 교점은 $(0,0)$, $(1,1)$이고 $0 \leqq x \leqq 1$일 때 $x^2 \leqq x$이므로 부피는 $y = x$를 x축 둘레로 회전시킨 회전체의 부피에서 $y = x^2$을 x축 둘레로 회전시킨 회전체의 부피를 뺀 것이다. 따라서

$$\pi \int_0^1 x^2 \, dx - \pi \int_0^1 (x^2)^2 \, dx = \pi \int_0^1 (x^2 - x^4) \, dx = \pi \left[\frac{1}{3}x^3 - \frac{1}{5}x^5 \right]_0^1 = \frac{2}{15}\pi$$

(2) 곡선 $y = 2x^2 - x^3$과 $y = 0$의 교점은 $(0,0)$, $(2,0)$이고 $0 \leqq x \leqq 2$일 때 $2x^2 - x^3 \geqq 0$이므로 부피는

$$2\pi \int_0^2 x(2x^2 - x^3) \, dx = 2\pi \int_0^2 (2x^3 - x^4) \, dx = 2\pi \left[\frac{1}{2}x^4 - \frac{1}{5}x^5 \right]_0^2 = \frac{16}{5}\pi$$

♣ 확인 문제

다음 곡선으로 둘러싸인 영역을 x축, y축 둘레로 회전시킨 회전체의 부피를 구하라.

1. $y = 4 - x$, $y = 4$, $y = x$

2. $y = x^2 \ (x \geqq 0)$, $y = 2 - x$, $x = 0$

3. $x = y^2$, $y = 2 - x$, $y = x - 2$

그래프의 길이

곡선 $y = f(x)$ $(a \leqq x \leqq b)$의 길이는

$$\int_a^b \sqrt{1 + f'(x)^2}\, dx$$

예제 3. 점 $(0,0)$에서 $(1,1)$까지의 곡선 $y^2 = x^3$의 길이를 구하라.

보이   점 $(0,0)$에서 $(1,1)$까지의 곡선 $y^2 = x^3$을 y에 대하여 나타내면 $y = x^{3/2}$이므로 $f(x) = x^{3/2}$, $f'(x) = \dfrac{3}{2}\sqrt{x}$이고 길이는

$$\int_0^1 \sqrt{1 + \left(\frac{3}{2}\sqrt{x}\right)^2}\, dx = \frac{1}{2}\int_0^1 \sqrt{4 + 9x}\, dx = \left[\frac{1}{27}(4+9x)^{3/2}\right]_0^1 = \frac{1}{27}(13\sqrt{13} - 8)$$

♣ 확인 문제

다음 곡선의 길이를 구하라.

1. $y = x^2$ $(0 \leqq x \leqq 1)$

2. $y = 2x + 1$ $(0 \leqq x \leqq 2)$

3. $y = 4x\sqrt{x} + 1$, $(1 \leqq x \leqq 2)$

4. $y = \dfrac{1}{8}x^4 + \dfrac{1}{4x^2}$ $(-2 \leqq x \leqq -1)$

5. $y = \dfrac{1}{3}x\sqrt{x} - \sqrt{x}$ $(1 \leqq x \leqq 4)$

회전체의 겉넓이

곡선 $y = f(x)\ (a \leqq x \leqq b)$를 x축 둘레로 회전시킨 회전체의 겉넓이는

$$2\pi \int_a^b |f(x)| \sqrt{1 + f'(x)^2}\, dx$$

y축 둘레로 회전시킨 회전체의 겉넓이는

$$2\pi \int_a^b x \sqrt{1 + f'(x)^2}\, dx$$

예제 4. (1) 곡선 $y = \sqrt{4 - x^2}\ (-1 \leqq x \leqq 1)$을 x축 둘레로 회전시킨 회전체의 겉넓이를 구하라.
(2) 점 $(1, 1)$에서 $(2, 4)$까지의 곡선 $y = x^2$을 y축 둘레로 회전시킨 회전체의 겉넓이를 구하라.

$\boxed{\text{풀이}}$ (1) $f(x) = \sqrt{4 - x^2}$이므로 $f'(x) = -\dfrac{x}{\sqrt{4 - x^2}}$ 이고 겉넓이는

$$2\pi \int_{-1}^{1} \sqrt{4 - x^2} \sqrt{1 + \left(-\frac{x}{\sqrt{4 - x^2}} \right)^2}\, dx = 2\pi \int_{-1}^{1} 2\, dx = 2\pi \Big[2x \Big]_{-1}^{1} = 8\pi$$

(2) $f(x) = x^2$이므로 $f'(x) = 2x$이고 겉넓이는

$$\begin{aligned}
2\pi \int_{1}^{2} x \sqrt{1 + (2x)^2}\, dx &= 2\pi \int_{1}^{2} x \sqrt{1 + 4x^2}\, dx \\
&= 2\pi \left[\frac{1}{12}(1 + 4x^2)^{3/2} \right]_{1}^{2} = \frac{\pi}{6}(17\sqrt{17} - 5\sqrt{5})
\end{aligned}$$

♣ 확인 문제

1. 곡선 $y = e^x\ (0 \leqq x \leqq \ln 2)$을 x축 둘레로 회전시킨 회전체의 겉넓이를 구하라.

2. 곡선 $y = 1 - x^2\ (0 \leqq x \leqq 1)$을 y축 둘레로 회전시킨 회전체의 겉넓이를 구하라.

4.3 연습문제

다음 곡선으로 둘러싸인 영역의 넓이를 구하라.

1. $y = e^x$, $y = x^2 - 1$, $x = -1$, $x = 1$

2. $y = x$, $y = x^2$

3. $y = \dfrac{1}{x}$, $y = \dfrac{1}{x^2}$, $x = 2$

4. $x = 1 - y^2$, $x = y^2 - 1$

5. $y = 12 - x^2$, $y = x^2 - 6$

6. $y = e^x$, $y = xe^x$, $x = 0$

7. $x = 2y^2$, $x = 4 + y^2$

8. $y = \cos \pi x$, $y = 4x^2 - 1$

9. $y = \tan x$, $y = 2\sin x$, $x = -\dfrac{\pi}{3}$, $x = \dfrac{\pi}{3}$

10. $y = \cos x$, $y = \sin 2x$, $x = 0$, $x = \dfrac{\pi}{2}$

11. $y = \sqrt{x}$, $y = \dfrac{1}{2}x$, $x = 9$

12. $y = \dfrac{1}{x}$, $y = x$, $y = \dfrac{1}{4}x$ $(x > 0)$

다음 곡선으로 둘러싸인 영역을 x축 둘레로 회전시킨 회전체의 부피를 구하라.

13. $y = 2 - \dfrac{1}{2}x$, $y = 0$, $x = 1$, $x = 2$

14. $y = \dfrac{1}{x}$, $x = 1$, $x = 2$, $y = 0$

15. $y = x^3$, $y = x$ $(x \geqq 0)$

다음 곡선으로 둘러싸인 영역을 y축 둘레로 회전시킨 회전체의 부피를 구하라.

16. $x = 2\sqrt{y}$, $x = 0$, $y = 9$

17. $y^2 = x$, $x = 2y$

다음 곡선의 길이를 구하라.

18. $y = 1 + 6x\sqrt{x} \ (0 \leqq x \leqq 1)$

19. $y = \dfrac{1}{6}x^5 + \dfrac{1}{10x^3} \ (1 \leqq x \leqq 2)$

20. $y = \dfrac{1}{3}(x-3)\sqrt{x} \ (1 \leqq x \leqq 9)$

21. $y = \ln(\sec x) \ \left(0 \leqq x \leqq \dfrac{\pi}{4}\right)$

22. $y = \dfrac{1}{4}x^2 - \dfrac{1}{2}\ln x \ (1 \leqq x \leqq 2)$

23. $y = \ln(1 - x^2) \ \left(0 \leqq x \leqq \dfrac{1}{2}\right)$

다음 곡선을 x축 둘레로 회전시킨 회전체의 겉넓이를 구하라.

24. $y = x^3 \ (0 \leqq x \leqq 2)$

25. $y = \sqrt{1 + 4x} \ (1 \leqq x \leqq 5)$

26. $y = \sin \pi x \ (0 \leqq x \leqq 1)$

27. $x = \dfrac{1}{3}(y^2 + 2)^{3/2} \ (1 \leqq y \leqq 2)$

다음 곡선을 y축 둘레로 회전시킨 회전체의 겉넓이를 구하라.

28. $y = \sqrt[3]{x} \ (1 \leqq y \leqq 2)$

29. $x = \sqrt{a^2 - y^2} \ \left(0 \leqq y \leqq \dfrac{a}{2}\right)$

CHAPTER 5

급수와 테일러 급수

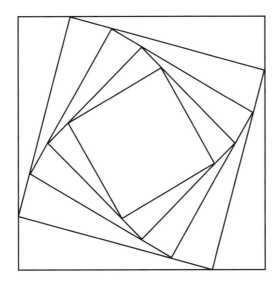

5.1.   급수의 수렴판정

급수의 수렴 여부를 판정하는 방법은 여러 가지가 있다. 어떤 급수의 수렴 여부를 판정할 수 있는가는 적절한 수렴판정법을 선택하는 데 달려 있다고 해도 과언이 아니다. 이를 위해서는 급수의 일반항을 잘 살펴보아야 한다. 급수의 일반항이 a^n, $n!$, n^n 등의 곱일 때 유용한 수렴판정법이 **비율판정법**이다.

비율판정법

1. $\displaystyle \lim_{n \to \infty} \frac{|a_{n+1}|}{|a_n|} < 1$ 이면 급수 $\displaystyle \sum_{n=1}^{\infty} a_n$ 은 수렴한다.

2. $\displaystyle \lim_{n \to \infty} \frac{|a_{n+1}|}{|a_n|} > 1$ 이면 급수 $\displaystyle \sum_{n=1}^{\infty} a_n$ 은 발산한다.

예제 1. 급수 $\displaystyle \sum_{n=1}^{\infty} \frac{n!}{n^n}$ 의 수렴 여부를 판정하라.

$\boxed{\text{풀이}}$ 급수의 일반항이 a^n, $n!$, n^n 등의 곱이므로 비율판정법을 쓴다.

$$\lim_{n \to \infty} \frac{\left| \frac{(n+1)!}{(n+1)^{n+1}} \right|}{\left| \frac{n!}{n^n} \right|} = \lim_{n \to \infty} \left(\frac{n}{n+1} \right)^n = \lim_{n \to \infty} \frac{1}{\left(1 + \frac{1}{n}\right)^n} = \frac{1}{e} < 1$$

이므로 이 급수는 수렴한다.

♣ 확인 문제

다음 급수의 수렴 여부를 판정하라.

1. $\displaystyle \sum_{n=1}^{\infty} \frac{n^2}{e^n}$

2. $\displaystyle \sum_{n=1}^{\infty} \frac{n!}{4^n}$

3. $\displaystyle \sum_{n=1}^{\infty} \frac{e^n}{n!}$

4. $\displaystyle \sum_{n=1}^{\infty} \frac{e^{3n}}{n^{3n}}$

급수의 일반항이 n의 유리식의 n제곱을 포함할 때 유용한 수렴판정법이 **멱근판정법**이다.

멱근판정법

1. $\displaystyle\lim_{n\to\infty}|a_n|^{1/n} < 1$이면 급수 $\displaystyle\sum_{n=1}^{\infty} a_n$은 수렴한다.

2. $\displaystyle\lim_{n\to\infty}|a_n|^{1/n} > 1$이면 급수 $\displaystyle\sum_{n=1}^{\infty} a_n$은 발산한다.

예제 2. 급수 $\displaystyle\sum_{n=1}^{\infty}\left(\frac{2n+3}{3n+2}\right)^n$의 수렴 여부를 판정하라.

보기 풀이   급수의 일반항이 n의 유리식의 n제곱을 포함하므로 멱근판정법을 쓴다.

$$\lim_{n\to\infty}\left|\left(\frac{2n+3}{3n+2}\right)^n\right|^{1/n} = \lim_{n\to\infty}\frac{2n+3}{3n+2} = \frac{2}{3} < 1$$

이므로 이 급수는 수렴한다.

♣ 확인 문제

다음 급수의 수렴 여부를 판정하라.

1. $\displaystyle\sum_{n=1}^{\infty}\frac{(2n+1)^n}{n^{2n}}$

2. $\displaystyle\sum_{n=1}^{\infty}\left(\frac{-2n}{n+1}\right)^{5n}$

3. $\displaystyle\sum_{n=1}^{\infty}\left(1+\frac{1}{n}\right)^{n^2}$

4. $\displaystyle\sum_{n=1}^{\infty}(-1)^n\left(\frac{4+n}{3+2n}\right)^n$

급수의 각 항이 양수이고, 일반항의 n을 x로 바꾼 함수의 적분이 쉬울 때 유용한 수렴판정법이 **적분판정법**이다.

적분판정법

급수의 각 항이 양수이고, 일반항의 n을 x로 바꾼 함수 $f(x)$가 0 이상의 값을 취하는 감소함수이면 다음이 성립한다.

1. $\displaystyle\int_1^\infty f(x)\,dx$가 수렴하면 $\displaystyle\sum_{n=1}^\infty a_n$이 수렴한다.

2. $\displaystyle\int_1^\infty f(x)\,dx$가 발산하면 $\displaystyle\sum_{n=1}^\infty a_n$이 발산한다.

예제 3. 급수 $\displaystyle\sum_{n=2}^\infty \frac{1}{n(\ln n)^2}$ 의 수렴 여부를 판정하라.

$\boxed{\text{풀이}}$ 급수의 일반항의 n을 x로 바꾼 함수 $\dfrac{1}{x(\ln x)^2}$은 $\ln x$를 t로 치환하면 적분이 쉽고, 0 이상의 값을 취하는 감소함수이므로 적분판정법을 쓴다.

$$\int_2^\infty \frac{1}{x(\ln x)^2}\,dx = \lim_{b\to\infty}\int_2^b \frac{1}{x(\ln x)^2}\,dx = \lim_{b\to\infty}\left[-\frac{1}{\ln x}\right]_2^b = \frac{1}{\ln 2}$$

이므로 이 급수는 수렴한다.

♣ 확인 문제

다음 급수의 수렴 여부를 판정하라.

1. $\displaystyle\sum_{n=1}^\infty \frac{1}{(2n+1)^3}$

2. $\displaystyle\sum_{n=1}^\infty \frac{n}{n^2+1}$

3. $\displaystyle\sum_{n=1}^\infty \frac{\arctan n}{1+n^2}$

4. $\displaystyle\sum_{n=1}^\infty \frac{\ln n}{n^3}$

급수의 일반항이 $(-1)^n$을 포함하는 등 항의 부호가 음양이 교대로 나올 때 유용한 수렴판정법이 교대급수 판정법이다.

교대급수 판정법과 일반항 판정법

교대급수 판정법   급수의 항의 부호가 음양이 교대로 나올 때, 특정한 항 이후로 항의 절대값이 감소하여 0으로 수렴하면 급수가 수렴한다.

일반항 판정법 $\lim\limits_{n\to\infty} a_n \neq 0$이면 급수 $\sum\limits_{n=1}^{\infty} a_n$은 발산한다. 특히, 교대급수 판정법에서 0으로 수렴한다는 조건이 만족되지 않으면 급수는 발산한다.

예제 4. 다음 급수의 수렴 여부를 판정하라.

$$(1) \sum_{n=1}^{\infty} (-1)^n \frac{n^3}{3^n} \qquad\qquad (2) \sum_{n=1}^{\infty} (-1)^n \frac{3n}{4n-1}$$

$\boxed{\text{풀이}}$ (1) 급수의 일반항이 $(-1)^n$을 포함하므로 교대급수 판정법을 쓴다. 항의 절대값이 감소함을 보이기 위하여 이웃한 항의 절대값의 비를 계산하면

$$\frac{\frac{(n+1)^3}{3^{n+1}}}{\frac{n^3}{3^n}} = \frac{1}{3}\left(\frac{n+1}{n}\right)^3$$

$n \geqq 3$이면 이 값은 $\dfrac{64}{81}$ 이하이므로 셋째 항 이후로 항의 절대값이 감소하고, $\lim\limits_{n\to\infty} \dfrac{n^3}{3^n} = 0$ 이므로 이 급수는 수렴한다.

(2) 교대급수 판정법을 쓰려 하면 $\lim\limits_{n\to\infty} (-1)^n \dfrac{3n}{4n-1} \neq 0$이므로 0으로 수렴한다는 조건이 만족되지 않는다. 따라서 일반항 판정법에 의하여 이 급수는 발산한다.

♣ 확인 문제

다음 급수의 수렴 여부를 판정하라.

1. $\sum\limits_{n=1}^{\infty} (-1)^n (\sqrt{n+1} - \sqrt{n})$

2. $\sum\limits_{n=1}^{\infty} (-1)^n \sin\dfrac{\pi}{n}$

3. $\sum\limits_{n=1}^{\infty} \dfrac{n\cos n\pi}{2^n}$

4. $\sum\limits_{n=1}^{\infty} (-1)^n \arctan n$

급수의 각 항이 양수이고, 일반항이 간단한 꼴로 근사될 수 있을 때 유용한 수렴판 정법이 **극한비교판정법**이다. 여기에서 급수 $\displaystyle\sum_{n=1}^{\infty} \frac{1}{n^p}$ 이 $p \leqq 1$ 일 때 발산하고 $p > 1$ 일 때 수렴한다는 것이 큰 역할을 한다.

극한비교판정법

각 항이 양수인 급수 $\displaystyle\sum_{n=1}^{\infty} a_n, \sum_{n=1}^{\infty} b_n$ 에 대하여 $\displaystyle\lim_{n\to\infty} \frac{a_n}{b_n} = L \ (L \neq 0)$ 이라 하자.

1. $\displaystyle\sum_{n=1}^{\infty} b_n$ 이 수렴하면 $\displaystyle\sum_{n=1}^{\infty} a_n$ 이 수렴한다.

2. $\displaystyle\sum_{n=1}^{\infty} b_n$ 이 발산하면 $\displaystyle\sum_{n=1}^{\infty} a_n$ 이 발산한다.

즉, 극한비교판정법으로 급수의 수렴 여부를 판정할 때에는 a_n 을 근사할 수 있는 b_n 을 구한 다음, $\displaystyle\lim_{n\to\infty} \frac{a_n}{b_n}$ 이 수렴함을 보이면 된다. 그러면 $\displaystyle\sum_{n=1}^{\infty} a_n$ 의 수렴 여부는 $\displaystyle\sum_{n=1}^{\infty} b_n$ 의 수렴 여부로 판정된다.

예제 5. 다음 급수의 수렴 여부를 판정하라.

$$(1) \sum_{n=1}^{\infty} \frac{2n^2 + 3n}{\sqrt{n^5 + 5}} \qquad (2) \sum_{n=1}^{\infty} \frac{n + 4^n}{n + 6^n} \qquad (3) \sum_{n=1}^{\infty} \arctan \frac{1}{\sqrt{n}}$$

$\boxed{\text{풀이}}$　(1) $\sqrt{n^5 + 5},\ 2n^2 + 3n$ 을 각각 $n^{5/2},\ 2n^2$ 으로 근사할 수 있으므로 $\dfrac{2n^2 + 3n}{\sqrt{n^5 + 5}}$ 은 $\dfrac{2n^2}{n^{5/2}} = \dfrac{2}{\sqrt{n}}$ 로 근사하면 된다.

$$\lim_{n\to\infty} \frac{\frac{2n^2 + 3n}{\sqrt{n^5 + 5}}}{\frac{2}{\sqrt{n}}} = \lim_{n\to\infty} \frac{2n^{5/2} + 3n^{3/2}}{2\sqrt{n^5 + 5}} = \lim_{n\to\infty} \frac{2 + \frac{3}{n}}{2\sqrt{1 + \frac{5}{n^5}}} = 1$$

이고 $\displaystyle\sum_{n=1}^{\infty} \frac{2}{\sqrt{n}}$ 가 발산하므로 이 급수도 발산한다 (급수 $\displaystyle\sum_{n=1}^{\infty} \frac{1}{n^p}$ 에서 $p = \dfrac{1}{2}$ 인 경우).

(2) n 보다 4^n, 6^n 이 빠르게 증가하므로 $n + 4^n$, $n + 6^n$ 을 각각 4^n 과 6^n 으로 근사할 수 있다. 따라서 $\dfrac{n + 4^n}{n + 6^n}$ 은 $\dfrac{4^n}{6^n}$ 으로 근사하면 된다.

$$\lim_{n\to\infty} \frac{\frac{n+4^n}{n+6^n}}{\frac{4^n}{6^n}} = \lim_{n\to\infty} \left(\frac{n + 4^n}{4^n} \cdot \frac{6^n}{n + 6^n} \right) = 1$$

이고 $\displaystyle\sum_{n=1}^{\infty} \dfrac{4^n}{6^n}$ 은 공비가 $\dfrac{2}{3}$ 인 등비급수이므로 수렴한다. 따라서 이 급수도 수렴한다.

(3) $\dfrac{1}{\sqrt{n}}$ 이 0 으로 수렴하고 $x = 0$ 근방에서 $\arctan x$ 를 x 로 근사할 수 있으므로 $\arctan \dfrac{1}{\sqrt{n}}$ 은 $\dfrac{1}{\sqrt{n}}$ 으로 근사하면 된다.

$$\lim_{n\to\infty} \frac{\arctan \frac{1}{\sqrt{n}}}{\frac{1}{\sqrt{n}}} = 1 \text{ (로피탈의 정리에 의하여 } \lim_{x\to 0} \frac{\arctan x}{x} = 1 \text{ 이므로)}$$

이고 $\displaystyle\sum_{n=1}^{\infty} \dfrac{1}{\sqrt{n}}$ 이 발산하므로 이 급수는 발산한다 (급수 $\displaystyle\sum_{n=1}^{\infty} \dfrac{1}{n^p}$ 에서 $p = \dfrac{1}{2}$ 인 경우).

* 일반적으로 a_n 이 0 으로 수렴하면 같은 방법으로 $\sin a_n$, $\tan a_n$, $\arcsin a_n$ 도 a_n 으로 근사할 수 있고, 극한값도 로피탈의 정리로 구할 수 있다.

♣ 확인 문제

다음 급수의 수렴 여부를 판정하라.

1. $\displaystyle\sum_{n=1}^{\infty} \dfrac{n + 1}{n^2 + 2}$

2. $\displaystyle\sum_{n=1}^{\infty} \dfrac{1}{n\sqrt{n} + n\sqrt{n+1}}$

3. $\displaystyle\sum_{n=1}^{\infty} \dfrac{9^n}{3 + 10^n}$

4. $\displaystyle\sum_{n=1}^{\infty} \dfrac{4^{n+1}}{3^n - 2}$

5. $\displaystyle\sum_{n=1}^{\infty} \tan \dfrac{1}{n}$

6. $\displaystyle\sum_{n=1}^{\infty} \dfrac{1}{n} \sin \dfrac{1}{n}$

급수의 일반항이 $\sin n$ 이나 $\cos n$ 을 포함하는 등의 경우, 지금까지의 어느 판정법으로도 수렴 여부를 판정하기 어렵다. 이때 수렴을 판정하는 최후의 보루가 **비교판정법**이다.

비교판정법

1. $|a_n| \leqq b_n$ 이고 $\displaystyle\sum_{n=1}^{\infty} b_n$ 이 수렴하면 $\displaystyle\sum_{n=1}^{\infty} a_n$ 도 수렴한다.

2. $a_n \geqq b_n \geqq 0$ 이고 $\displaystyle\sum_{n=1}^{\infty} b_n$ 이 발산하면 $\displaystyle\sum_{n=1}^{\infty} a_n$ 도 발산한다.

비교판정법의 적용에 가장 큰 어려움은 b_n 을 찾는 것이 온전히 자신의 몫이라는 데 있다. 한 가지 원칙이라면 수렴할 것으로 보이는 급수는 a_n 보다 큰 b_n 을, 발산할 것으로 보이는 급수는 a_n 보다 작은 b_n 을 찾아야 한다는 것이다.

예제 6. 다음 급수의 수렴 여부를 판정하라.

$$(1) \ \sum_{n=1}^{\infty} \frac{\cos n}{n^2} \qquad (2) \ \sum_{n=1}^{\infty} \frac{(-1)^n \arctan n}{n^2} \qquad (3) \ \sum_{n=1}^{\infty} \frac{1}{\ln n}$$

$\boxed{\text{풀이}}$ (1) 급수의 일반항이 $\cos n$ 을 포함하므로 비교판정법을 쓴다. $|\cos n| \leqq 1$ 에서 $\dfrac{|\cos n|}{n^2} \leq \dfrac{1}{n^2}$ 이고 $\displaystyle\sum_{n=1}^{\infty} \frac{1}{n^2}$ 이 수렴하므로 이 급수도 수렴한다 (급수 $\displaystyle\sum_{n=1}^{\infty} \frac{1}{n^p}$ 에서 $p = 2$ 인 경우).

---

* $\sin n$ 이나 $\cos n$ 은 -1 과 1 사이에서 진동하고 항의 부호도 제멋대로 바뀌어 다른 판정법으로 수렴 여부를 판정할 수 없다. 구체적인 이유는 다음과 같다.

비율판정법과 멱근판정법: $\displaystyle\lim_{n\to\infty} \frac{|\cos(n+1)|}{|\cos n|}$ 이나 $\displaystyle\lim_{n\to\infty} |\cos n|^{1/n}$ 을 계산할 수 없다.

적분판정법: 일반항의 n 을 x 로 바꾼 함수 $\dfrac{\cos x}{x^2}$ 를 적분할 수 없는 것은 둘째치고 0 이상의 값을 취하는 감소함수조차 아니다.

교대급수 판정법: $\cos n$ 이 항의 부호를 바꾸지만 그렇다고 음양이 교대로 나오는 것은 아니다.

극한비교판정법: $\cos n$ 이 -1 과 1 사이에서 진동하므로 간단한 꼴로 근사할 수 없다.

(2) $|\arctan n| \leqq \dfrac{\pi}{2}$ 에서

$$\left| \frac{(-1)^n \arctan n}{n^2} \right| \leqq \frac{\frac{\pi}{2}}{n^2} = \frac{\pi}{2n^2}$$

이고 $\displaystyle\sum_{n=1}^{\infty} \frac{\pi}{2n^2}$ 가 수렴하므로 이 급수도 수렴한다 (급수 $\displaystyle\sum_{n=1}^{\infty} \frac{1}{n^p}$ 에서 $p = 2$인 경우).

(3) $\ln n \leqq n$ 에서 $\dfrac{1}{\ln n} \geqq \dfrac{1}{n}$ 이고 $\displaystyle\sum_{n=1}^{\infty} \frac{1}{n}$ 이 발산하므로 이 급수도 발산한다 (급수 $\displaystyle\sum_{n=1}^{\infty} \frac{1}{n^p}$ 에서 $p = 1$인 경우).

* (2), (3)에서 다른 판정법으로 수렴 여부를 판정할 수 없는 이유는 다음과 같다.

비율판정법과 멱근판정법: (2)는 극한의 계산이 쉽지 않고 (2), (3) 모두 극한값이 1이다.

적분판정법: (2)는 급수의 각 항이 양수가 아니고, (3)은 일반항의 n을 x로 바꾼 함수 $\dfrac{1}{\ln x}$ 을 적분할 수 없다.

교대급수 판정법: (2)는 급수의 일반항에 $(-1)^n$ 이 있으므로 교대급수 판정법을 써야 한다고 생각할 수 있지만 $\arctan n$ 이 증가하므로 교대급수 판정법의 한 조건인 항의 절대값이 감소함을 확인하기 어렵다.

극한비교판정법: (2)는 급수의 각 항이 양수가 아니고, (3)은 일반항을 더 간단한 꼴로 근사할 것이 마땅치 않다.

♣ 확인 문제

다음 급수의 수렴 여부를 판정하라.

1. $\displaystyle\sum_{n=1}^{\infty} \frac{\sin 2n}{2^n + 1}$

2. $\displaystyle\sum_{n=1}^{\infty} \frac{\arctan n}{n\sqrt{n}}$

3. $\displaystyle\sum_{n=1}^{\infty} 5^{-n} \cos^2 n$

4. $\displaystyle\sum_{n=1}^{\infty} \frac{3 - \cos n}{n^{2/3} - 2}$

5. $\displaystyle\sum_{n=1}^{\infty} \frac{1}{2 + \sin n}$

6. $\displaystyle\sum_{n=1}^{\infty} \frac{1}{n + n\cos^2 n}$

5.1 연습문제

다음 급수의 수렴 여부를 판정하라. 극한 계산에 필요하면 $\lim\limits_{n\to\infty} a^{1/n} = 1$ (단, $a > 0$), $\lim\limits_{n\to\infty} n^{1/n} = 1$을 써도 된다.

1. $\displaystyle\sum_{n=1}^{\infty} \frac{1}{n + 3^n}$

2. $\displaystyle\sum_{n=1}^{\infty} (-1)^n \frac{n}{n + 2}$

3. $\displaystyle\sum_{n=1}^{\infty} \frac{n^2 2^{n-1}}{(-5)^n}$

4. $\displaystyle\sum_{n=2}^{\infty} \frac{1}{n\sqrt{\ln n}}$

5. $\displaystyle\sum_{n=1}^{\infty} n^2 e^{-n}$

6. $\displaystyle\sum_{n=1}^{\infty} \left(\frac{1}{n^3} + \frac{1}{3^n} \right)$

7. $\displaystyle\sum_{n=1}^{\infty} \frac{3^n n^2}{n!}$

8. $\displaystyle\sum_{n=1}^{\infty} \frac{2^{n-1} 3^{n+1}}{n^n}$

9. $\displaystyle\sum_{n=0}^{\infty} \frac{n!}{2 \cdot 5 \cdot \cdots \cdot (3n + 2)}$

10. $\displaystyle\sum_{n=1}^{\infty} (-1)^n \frac{\ln n}{\sqrt{n}}$

11. $\displaystyle\sum_{n=1}^{\infty} (-1)^n \cos \frac{1}{n^2}$

12. $\displaystyle\sum_{n=1}^{\infty} \tan \frac{1}{n}$

13. $\displaystyle\sum_{n=1}^{\infty} \frac{n!}{e^{n^2}}$

14. $\displaystyle\sum_{n=1}^{\infty} \frac{n \ln n}{(n + 1)^3}$

15. $\displaystyle\sum_{n=1}^{\infty} \frac{(-1)^n}{\cosh n}$

16. $\displaystyle\sum_{n=1}^{\infty} \frac{5^n}{3^n + 4^n}$

17. $\displaystyle\sum_{n=1}^{\infty} \left(\frac{n}{n + 1} \right)^{n^2}$

18. $\displaystyle\sum_{n=1}^{\infty} \frac{1 + \sin n}{10^n}$

19. $\displaystyle\sum_{n=1}^{\infty} \frac{1}{n^{1 + 1/n}}$

20. $\displaystyle\sum_{n=1}^{\infty} (\sqrt[n]{2} - 1)^n$

5.2. 멱급수

$$\sum_{n=0}^{\infty} a_n(x-a)^n = a_0 + a_1(x-a) + a_2(x-a)^2 + \cdots$$

꼴의 급수를 **멱급수**라 한다.

멱급수의 수렴반경과 수렴구간

수렴반경

$$\lim_{n\to\infty} \frac{|a_{n+1}(x-a)^{n+1}|}{|a_n(x-a)^n|} = 1$$

인 두 x의 값의 차를 구해 2로 나눈다.

수렴구간

$$\lim_{n\to\infty} \frac{|a_{n+1}(x-a)^{n+1}|}{|a_n(x-a)^n|} = 1$$

인 두 x의 값을 구한 다음, 이를 멱급수에 대입하여 개별적으로 수렴 여부를 조사한다. 수렴구간은 이 두 x의 값을 양 끝으로 하고, 수렴하면 포함, 발산하면 포함하지 않는 구간이다.

조언 만약 $\displaystyle\lim_{n\to\infty} \frac{|a_{n+1}(x-a)^{n+1}|}{|a_n(x-a)^n|}$ 이 x에 상관없이 0이면 수렴반경은 ∞, 수렴구간은 $(-\infty, \infty)$ 이고, $x=a$ 일 때를 제외하고 ∞이면 수렴반경은 0, 수렴구간은 $\{a\}$ 이다.

예제 1. 다음 멱급수의 수렴반경과 수렴구간을 구하라.

$$(1) \sum_{n=0}^{\infty} \frac{(-3)^n}{\sqrt{n+1}} x^n \qquad\qquad (2) \sum_{n=0}^{\infty} \frac{n}{3^{n+1}} (2x-1)^n$$

풀이   (1)

$$\lim_{n\to\infty} \frac{\left| \frac{(-3)^{n+1}}{\sqrt{n+2}} x^{n+1} \right|}{\left| \frac{(-3)^n}{\sqrt{n+1}} x^n \right|} = \lim_{n\to\infty} \frac{3\sqrt{n+1}}{\sqrt{n+2}} |x| = 3|x|$$

$3|x| = 1$ 인 x는 $\pm\frac{1}{3}$ 이므로 수렴반경은 $\dfrac{\frac{1}{3} - \left(-\frac{1}{3}\right)}{2} = \dfrac{1}{3}$ 이다. 멱급수에 $x = \pm\frac{1}{3}$ 을

대입한 급수는 각각

$$\sum_{n=0}^{\infty} \frac{(-3)^n \left(\frac{1}{3}\right)^n}{\sqrt{n+1}} = \sum_{n=0}^{\infty} \frac{(-1)^n}{\sqrt{n+1}}, \qquad \sum_{n=0}^{\infty} \frac{(-3)^n \left(-\frac{1}{3}\right)^n}{\sqrt{n+1}} = \sum_{n=0}^{\infty} \frac{1}{\sqrt{n+1}}$$

순서대로 교대급수 판정법에 의하여 수렴하고, 적분판정법에 의하여 발산하므로 수렴구간은 $\pm \frac{1}{3}$ 을 양 끝으로 하며, $-\frac{1}{3}$ 은 포함하지 않고 $\frac{1}{3}$ 은 포함하는 구간

$$\left(-\frac{1}{3}, \frac{1}{3}\right]$$

(2)

$$\lim_{n \to \infty} \frac{\left| \frac{n+1}{3^{n+2}}(2x-1)^{n+1} \right|}{\left| \frac{n}{3^{n+1}}(2x-1)^n \right|} = \lim_{n \to \infty} \frac{n+1}{3n} |2x-1| = \frac{1}{3}|2x-1|$$

$\frac{1}{3}|2x-1| = 1$ 인 x 는 $-1, 2$ 이므로 수렴반경은 $\frac{2-(-1)}{2} = \frac{3}{2}$ 이다. 멱급수에 $x = -1$, 2 를 대입한 급수는 각각

$$\sum_{n=0}^{\infty} \frac{n(-3)^n}{3^{n+1}} = \sum_{n=0}^{\infty} (-1)^n \frac{n}{3}, \qquad \sum_{n=0}^{\infty} \frac{n3^n}{3^{n+1}} = \sum_{n=0}^{\infty} \frac{n}{3}$$

두 급수 모두 일반항 판정법에 의하여 발산하므로 수렴구간은 $-1, 2$ 를 양 끝으로 하며, $-1, 2$ 모두 포함하지 않는 구간

$$(-1, 2)$$

♣ 확인 문제

다음 멱급수의 수렴반경과 수렴구간을 구하라.

1. $\sum_{n=0}^{\infty} \frac{2^n}{n!}(x-2)^n$

2. $\sum_{n=0}^{\infty} \frac{n}{4^n} x^n$

3. $\sum_{n=1}^{\infty} \frac{(-1)^n}{n3^n}(x-1)^n$

4. $\sum_{n=0}^{\infty} n!(x+1)^n$

5. $\sum_{n=0}^{\infty} (n+3)^2 (2x-3)^n$

6. $\sum_{n=1}^{\infty} \frac{4^n}{\sqrt{n}}(2x+1)^n$

5.2 연습문제

다음 멱급수의 수렴반경과 수렴구간을 구하라.

1. $\displaystyle\sum_{n=1}^{\infty} (-1)^n n x^n$

2. $\displaystyle\sum_{n=1}^{\infty} \frac{1}{2n-1} x^n$

3. $\displaystyle\sum_{n=0}^{\infty} \frac{1}{n!} x^n$

4. $\displaystyle\sum_{n=1}^{\infty} \frac{(-1)^n n^2}{2^n} x^n$

5. $\displaystyle\sum_{n=1}^{\infty} \frac{(-3)^n}{n\sqrt{n}} x^n$

6. $\displaystyle\sum_{n=2}^{\infty} \frac{(-1)^n}{4^n \ln n} x^n$

7. $\displaystyle\sum_{n=0}^{\infty} \frac{1}{n^2+1} (x-2)^n$

8. $\displaystyle\sum_{n=1}^{\infty} \frac{3^n}{\sqrt{n}} (x+4)^n$

9. $\displaystyle\sum_{n=1}^{\infty} \frac{1}{n^n} (x-2)^n$

10. $\displaystyle\sum_{n=1}^{\infty} n! (2x-1)^n$

11. $\displaystyle\sum_{n=1}^{\infty} \frac{1}{n^3} (5x-4)^n$

12. $\displaystyle\sum_{n=1}^{\infty} \frac{1}{1 \cdot 3 \cdot 5 \cdots (2n-1)} x^n$

5.3.   테일러 급수

함수에 대응하는 멱급수를 테일러 급수라 한다.

> **테일러 급수**
>
> $x = a$에서 함수 $f(x)$의 테일러 급수는
>
> $$\sum_{n=0}^{\infty} \frac{f^{(n)}(a)}{n!}(x-a)^n = f(a) + \frac{f'(a)}{1!}(x-a) + \frac{f''(a)}{2!}(x-a)^2 + \frac{f'''(a)}{3!}(x-a)^3 + \cdots$$

조언 $f^{(n)}(x)$는 $f(x)$의 n계도함수를 나타낸다. 별다른 말이 없으면 $x = 0$에서의 테일러 급수를 구한다.

예제 1. $x = \dfrac{\pi}{3}$ 에서 함수 $f(x) = \sin x$의 테일러 급수를 구하라.

풀이

$$
\begin{aligned}
f(x) &= \sin x & f\left(\tfrac{\pi}{3}\right) &= \tfrac{\sqrt{3}}{2} \\
f'(x) &= \cos x & f'\left(\tfrac{\pi}{3}\right) &= \tfrac{1}{2} \\
f''(x) &= -\sin x & f''\left(\tfrac{\pi}{3}\right) &= -\tfrac{\sqrt{3}}{2} \\
f'''(x) &= -\cos x & f'''\left(\tfrac{\pi}{3}\right) &= -\tfrac{1}{2} \\
&\vdots & &\vdots
\end{aligned}
$$

따라서 테일러 급수는

$$
f\left(\frac{\pi}{3}\right) + \frac{f'\left(\frac{\pi}{3}\right)}{1!}\left(x - \frac{\pi}{3}\right) + \frac{f''\left(\frac{\pi}{3}\right)}{2!}\left(x - \frac{\pi}{3}\right)^2 + \frac{f'''\left(\frac{\pi}{3}\right)}{3!}\left(x - \frac{\pi}{3}\right)^3 + \cdots
$$
$$
= \frac{\sqrt{3}}{2} + \frac{1}{2}\left(x - \frac{\pi}{3}\right) - \frac{\sqrt{3}}{4}\left(x - \frac{\pi}{3}\right)^2 - \frac{1}{12}\left(x - \frac{\pi}{3}\right)^3 + \cdots
$$

♣ 확인 문제

$x = a$에서 다음 함수의 테일러 급수를 구하라.

1. $f(x) = \dfrac{1}{x}$, $a = 1$ 3. $f(x) = e^{x-1}$, $a = 1$

2. $f(x) = \sqrt{x}$, $a = 16$ 4. $f(x) = \ln x$, $a = e$

일반적으로 테일러 급수를 구하기 위해서는 함수의 고계도함수를 구해야 한다. 그러나 함수를 멱급수로 나타낼 수 있으면 그 멱급수가 바로 테일러 급수가 된다. 다음은 주요 함수의 멱급수 표현으로, 이를 쓰면 많은 함수의 테일러 급수를 편리하게 구할 수 있다.

주요 함수의 멱급수 표현

$$\frac{1}{1-x} = \sum_{n=0}^{\infty} x^n = 1 + x + x^2 + x^3 + \cdots$$

$$\ln(1+x) = \sum_{n=0}^{\infty} \frac{(-1)^n}{n+1} x^{n+1} = x - \frac{x^2}{2} + \frac{x^3}{3} - \frac{x^4}{4} + \cdots$$

$$\arctan x = \sum_{n=0}^{\infty} \frac{(-1)^n}{2n+1} x^{2n+1} = x - \frac{x^3}{3} + \frac{x^5}{5} - \frac{x^7}{7} + \cdots$$

$$\sin x = \sum_{n=0}^{\infty} \frac{(-1)^{n+1}}{(2n+1)!} x^{2n+1} = x - \frac{x^3}{3!} + \frac{x^5}{5!} - \frac{x^7}{7!} + \cdots$$

$$\cos x = \sum_{n=0}^{\infty} \frac{(-1)^n}{(2n)!} x^{2n} = 1 - \frac{x^2}{2!} + \frac{x^4}{4!} - \frac{x^6}{6!} + \cdots$$

$$e^x = \sum_{n=0}^{\infty} \frac{x^n}{n!} = 1 + x + \frac{x^2}{2!} + \frac{x^3}{3!} + \cdots$$

$$(1+x)^\alpha = \sum_{n=0}^{\infty} \binom{\alpha}{n} x^n = 1 + \alpha x + \frac{\alpha(\alpha-1)}{2!} x^2 + \frac{\alpha(\alpha-1)(\alpha-2)}{3!} x^3 + \cdots$$

조언 1   첫째 등식은 공비가 x인 등비급수의 합의 공식이고, 둘째, 셋째 등식은 각각 공비가 $-x$, $-x^2$인 등비급수의 합의 공식을 적분한 것

$$\int \frac{1}{1+x}\, dx = \int \sum_{n=0}^{\infty} (-1)^n x^n\, dx = \int (1 - x + x^2 - x^3 + \cdots)\, dx$$

$$\int \frac{1}{1+x^2}\, dx = \int \sum_{n=0}^{\infty} (-1)^n x^{2n}\, dx = \int (1 - x^2 + x^4 - x^6 + \cdots)\, dx$$

이다. 마지막 등식은 이항정리와 비슷하지만 α가 임의의 실수가 될 수 있다는 점이 다르다.

조언 2   이상의 주요 함수의 멱급수 표현은 앞으로 계속 쓰이므로 반드시 기억해 두어야 한다.

예제 2. 다음 함수의 테일러 급수를 구하라.

$$(1)\ f(x) = \frac{x^3}{x+2} \qquad (2)\ f(x) = \frac{x+2}{2x^2 - x - 1} \qquad (3)\ f(x) = \frac{x^2}{(1-x)^3}$$

보기 $\boxed{\text{풀이}}$ (1) $\dfrac{x^3}{x+2} = \dfrac{x^3}{2} \cdot \dfrac{1}{1+\frac{x}{2}}$ 이므로 테일러 급수는

$$\frac{x^3}{2} \sum_{n=0}^{\infty} \left(-\frac{x}{2} \right)^n = \sum_{n=0}^{\infty} \frac{(-1)^n}{2^{n+1}} x^{n+3}$$

(2) 부분분수로 분해하면 $\dfrac{x+2}{2x^2 - x - 1} = -\dfrac{1}{1-x} - \dfrac{1}{1+2x}$ 이므로 테일러 급수는

$$-\sum_{n=0}^{\infty} x^n - \sum_{n=0}^{\infty} (-2x)^n = -\sum_{n=0}^{\infty} (1 + (-2)^n) x^n$$

(3) $\dfrac{x^3}{(1-x)^2} = x^3 \left(\dfrac{1}{1-x} \right)'$ 이므로 테일러 급수는

$$x^3 \left(\sum_{n=0}^{\infty} x^n \right)' = x^3 \sum_{n=0}^{\infty} n x^{n-1} = \sum_{n=0}^{\infty} n x^{n+2}$$

♣ 확인 문제

다음 함수의 테일러 급수를 구하라.

1. $f(x) = \dfrac{2}{4+x}$
         4. $f(x) = \dfrac{x+5}{x^2 + x - 2}$

2. $f(x) = \dfrac{2x}{1 - x^3}$
         5. $f(x) = \left(\dfrac{x}{2-x} \right)^3$

3. $f(x) = \dfrac{3}{x^2 - x - 2}$
         6. $f(x) = \dfrac{x^2 + x}{(1-x)^3}$

예제 3. 다음 함수의 테일러 급수를 구하라.

(1) $f(x) = x \sin \pi x$ (2) $f(x) = e^x \sin x$ (3) $f(x) = \tan x$

$\boxed{\text{풀이}}$ (1) $\sin x$의 테일러 급수에 πx를 대입하고 x를 곱하면

$$x \sum_{n=0}^{\infty} \frac{(-1)^n}{(2n+1)!}(\pi x)^{2n+1} = \sum_{n=0}^{\infty} \frac{(-1)^n \pi^{2n+1}}{(2n+1)!} x^{2n+2}$$

(2) e^x의 테일러 급수와 $\sin x$의 테일러 급수를 곱하면

$$\left(1 + x + \frac{x^2}{2!} + \frac{x^3}{3!} + \cdots\right)\left(x - \frac{x^3}{3!} + \frac{x^5}{5!} - \frac{x^7}{7!} + \cdots\right) = x + x^2 + \frac{x^3}{3} + \cdots$$

(3) $\tan x = \dfrac{\sin x}{\cos x}$ 이므로 $\tan x$의 테일러 급수를 $a_0 + a_1 x + a_2 x^2 + a_3 x^3 + \cdots$ 라 하면

$$(a_0 + a_1 x + a_2 x^2 + a_3 x^3 + \cdots)\left(1 - \frac{x^2}{2!} + \frac{x^4}{4!} - \frac{x^6}{6!} \cdots\right) = x - \frac{x^3}{3!} + \frac{x^5}{5!} - \frac{x^7}{7!} + \cdots$$

양변의 계수를 비교하면

$$a_0 = 0, \qquad a_1 = 1, \qquad -\frac{1}{2!}a_0 + a_2 = 0, \qquad -\frac{1}{2!}a_1 + a_3 = -\frac{1}{3!}, \qquad \cdots$$

따라서 $a_0 = 0$, $a_1 = 1$, $a_2 = 0$, $a_3 = \dfrac{1}{3}$, $\cdots$ 이므로 테일러 급수는

$$x + \frac{1}{3}x^3 + \cdots$$

♣ 확인 문제

다음 함수의 테일러 급수를 구하라.

1. $f(x) = e^x + 2e^{-x}$ 4. $f(x) = x^2 \arctan x^3$

2. $f(x) = \cosh x$ 5. $f(x) = e^x \ln(1 + x)$

3. $f(x) = \ln(x^2 + 4)$ 6. $f(x) = \sec x$

5.3 연습문제

$x = a$에서 다음 함수의 테일러 급수를 구하라.

1. $f(x) = x^4 - 3x^2 + 1$, $a = 1$

2. $f(x) = \ln x$, $a = 2$

3. $f(x) = e^{2x}$, $a = 3$

4. $f(x) = \cos x$, $a = \pi$

다음 함수의 테일러 급수를 구하라.

5. $f(x) = \dfrac{1}{1 + x}$

6. $f(x) = \dfrac{2}{3 - x}$

7. $f(x) = \dfrac{x}{9 + x^2}$

8. $f(x) = \dfrac{1 + x}{1 - x}$

9. $f(x) = \ln(5 - x)$

10. $f(x) = \dfrac{x^3}{(x - 2)^2}$

11. $f(x) = \dfrac{x}{x^2 + 16}$

12. $f(x) = \ln \dfrac{1 + x}{1 - x}$

다음 함수의 테일러 급수를 구하라.

13. $f(x) = 2^x$

14. $f(x) = e^x + e^{2x}$

15. $f(x) = x \cos \dfrac{x^2}{2}$

16. $f(x) = \sin^2 x$

17. $f(x) = \cos x^2$

18. $f(x) = xe^{-x}$

19. $f(x) = e^{-x^2} \cos x$

20. $f(x) = \dfrac{x}{\sin x}$

5.4. 테일러 급수의 응용

대부분의 함수는 그 테일러 급수가 자기 자신과 일치한다. 따라서 테일러 급수를 그 함수와 같은 것으로 생각할 수 있다. 테일러 급수는 멱급수이므로 함수 $f(x)$를 포함한 극한은 $f(x)$의 테일러 급수를 대입하면 극한값을 편리하게 구할 수 있다.

> **극한값의 계산**
>
> 함수 $f(x)$를 포함한 극한은 $f(x)$의 테일러 급수를 대입하여 극한값을 구한다.

예제 1. 극한값 $\displaystyle\lim_{x\to 0}\frac{e^x-1-x}{x^2}$ 를 구하라.

풀이　　e^x의 테일러 급수를 대입하면

$$
\begin{aligned}
\lim_{x\to 0}\frac{e^x-1-x}{x^2} &= \lim_{x\to 0}\frac{\left(1+x+\dfrac{x^2}{2!}+\dfrac{x^3}{3!}+\cdots\right)-1-x}{x^2}\\[2mm]
&= \lim_{x\to 0}\frac{\dfrac{x^2}{2!}+\dfrac{x^3}{3!}+\dfrac{x^4}{4!}+\cdots}{x^2}\\[2mm]
&= \lim_{x\to 0}\left(\frac{1}{2!}+\frac{x}{3!}+\frac{x^2}{4!}+\cdots\right)\\[2mm]
&= \frac{1}{2}
\end{aligned}
$$

♣ 확인 문제

다음 극한값을 구하라.

1. $\displaystyle\lim_{x\to 0}\frac{\cos x^2-1}{x^4}$

2. $\displaystyle\lim_{x\to 0}\frac{\cos x-1+\frac{x^2}{2}}{x^4}$

3. $\displaystyle\lim_{x\to 1}\frac{\ln x-(x-1)}{(x-1)^2}$

4. $\displaystyle\lim_{x\to 0}\frac{e^x-1}{x}$

테일러 급수의 최대 응용은 근사값을 구하는 것이다. 테일러 급수의 n차항까지의 합을 n차 근사다항식이라 한다.

근사다항식과 오차

근사다항식 $x = a$에서 함수 $f(x)$의 n차 근사다항식은

$$f(a) + \frac{f'(a)}{1!}(x-a) + \frac{f''(a)}{2!}(x-a)^2 + \cdots + \frac{f^{(n)}(a)}{n!}(x-a)^n$$

근사다항식의 오차 $\alpha \leqq x \leqq \beta$일 때

$$|f(x) - (x = a \text{에서 } f(x) \text{의 } n \text{차 근사다항식})| \leqq \frac{M}{(n+1)!}R^{n+1}$$

여기에서 M은 $\min\{a, \alpha\} \leqq x \leqq \max\{a, \beta\}$일 때 $|f^{(n+1)}(x)|$의 최대값, R은 $\alpha \leqq x \leqq \beta$일 때 $|x - a|$의 최대값이다.

조언   대부분의 경우 $\alpha \leqq a \leqq \beta$이므로 $\alpha \leqq x \leqq \beta$일 때 $|f^{(n+1)}(x)|$와 $|x - a|$의 최대값을 구한다고 생각해도 된다.

예제 2. $x = 8$에서 $f(x) = \sqrt[3]{x}$의 이차 근사다항식을 구하고, $7 \leqq x \leqq 9$일 때 $f(x)$와 이차 근사다항식의 오차의 한계를 구하라.

풀이

$$\begin{aligned}
f(x) &= x^{1/3} & f(8) &= 2 \\
f'(x) &= \frac{1}{3}x^{-2/3} & f'(8) &= \frac{1}{12} \\
f''(x) &= -\frac{2}{9}x^{-5/3} & f''(8) &= -\frac{1}{144}
\end{aligned}$$

이므로 이차 근사다항식은

$$f(8) + \frac{f'(8)}{1!}(x-8) + \frac{f''(8)}{2!}(x-8)^2 = 2 + \frac{1}{12}(x-8) - \frac{1}{288}(x-8)^2$$

$f'''(x) = \dfrac{10}{27}x^{-8/3}$이고 $7 \leqq x \leqq 9$일 때 $|f'''(x)|$의 최대값은 $\dfrac{10}{27} \cdot 7^{-8/3}$, $|x - 8|$의 최대값은 1이므로 오차의 한계는

$$\frac{\frac{10}{27} \cdot 7^{-8/3}}{(2+1)!} \cdot 1^{2+1} = \frac{5}{81 \cdot 7^{8/3}}$$

함수값의 근사값

함수 $f(x)$에 대하여 $f(a)$의 근사값은 $f(x)$의 테일러 급수에 $x = a$를 대입하여 얻은 급수의 부분합으로 구한다.

예제 3. $e^{0.1}$의 근사값을 오차 0.01 이하로 구하라.

$\boxed{\text{풀이}}$ e^x의 테일러 급수에 $x = 0.1$을 대입하면

$$e^{0.1} = 1 + 0.1 + \frac{0.1^2}{2!} + \frac{0.1^3}{3!} + \cdots$$

셋째 항부터 절대값이 0.01보다 작으므로 둘째 항까지 더해 보면 근사값과 오차의 한계는

$$1 + 0.1 = 1.1, \qquad \frac{0.1^2}{2!} + \frac{0.1^3}{3!} + \frac{0.1^4}{4!} + \cdots < \frac{0.1^2}{2!}\left(1 + \frac{1}{2} + \frac{1}{4} + \cdots\right) = 0.01$$

∗ 각 항이 양수인 급수는 대체로 적당한 등비급수와 비교하면 그 합이 넘을 수 없는 값을 쉽게 계산할 수 있다.

♣ 확인 문제

$x = a$에서 함수 $f(x)$의 n차 근사다항식을 구하고, x의 범위가 다음과 같을 때 $f(x)$와 n차 근사다항식의 오차의 한계를 구하라.

1. $f(x) = \sin x$, $\quad a = \frac{\pi}{6}$, $n = 4$, $\quad 0 \leq x \leq \frac{\pi}{3}$

2. $f(x) = \ln(1 + 2x)$, $\quad a = 1$, $n = 3$, $\quad \frac{1}{2} \leq x \leq \frac{3}{2}$

다음의 근사값을 오차 0.01 이하로 구하라. $\sqrt{17}$의 근사값을 구할 때에는 $x = \frac{1}{16}$을 대입하여 4배 하라.

3. $\sqrt{1.1}$　　　　　　　　　　5. $\cos 0.1$

4. $\sqrt{17}$　　　　　　　　　　6. $\ln 1.05$

정적분의 근사값

정적분 $\displaystyle\int_0^a f(x)\,dx$ 의 근사값은 $f(x)$ 의 테일러 급수를 대입하여 얻은 급수의 부분합으로 구한다.

예제 4. 정적분 $\displaystyle\int_0^1 \frac{\sin x}{x}\,dx$ 의 근사값을 오차 0.01 이하로 구하라.

$\boxed{\text{풀이}}$ $\quad \dfrac{\sin x}{x}$ 의 테일러 급수를 대입하면

$$
\begin{aligned}
\int_0^1 \frac{\sin x}{x}\,dx &= \int_0^1 \left(1 - \frac{x^2}{3!} + \frac{x^4}{5!} - \frac{x^6}{7!} + \cdots\right) dx \\
&= \left[x - \frac{x^3}{18} + \frac{x^5}{600} - \frac{x^7}{35280} + \cdots\right]_0^1 = 1 - \frac{1}{18} + \frac{1}{600} - \frac{1}{35280} + \cdots
\end{aligned}
$$

셋째 항부터 절대값이 0.01보다 작으므로 둘째 항까지 더해 보면 근사값과 오차의 한계는

$$
1 - \frac{1}{18} = \frac{17}{18}, \qquad \frac{1}{600} - \frac{1}{35280} + \cdots < \frac{1}{600} < 0.01
$$

* 일반적으로 $\dfrac{1}{600} - \dfrac{1}{35280} + \cdots$ 과 같이 첫째항이 양수이고 항의 부호가 음양이 교대로 나오면서 절대값이 감소하는 급수의 합은 첫째항보다 작다. 이는 근사값의 오차의 한계를 구할 때 매우 유용하게 쓰이므로 꼭 기억하기 바란다.

♣ 확인 문제

다음 정적분의 근사값을 오차 0.01 이하로 구하라.

1. $\displaystyle\int_0^1 \cos x^2 \,dx$

2. $\displaystyle\int_0^1 e^{-x^2}\,dx$

3. $\displaystyle\int_1^{1.5} \ln x\,dx$

4. $\displaystyle\int_0^{1.5} \frac{\ln(1+x)}{x}\,dx$

급수의 합

급수 $\displaystyle\sum_{n=0}^{\infty} a_n r^n$ 의 합은 테일러 급수가 $\displaystyle\sum_{n=0}^{\infty} a_n x^n$ 인 함수 $f(x)$ 를 구한 다음 $x = r$ 을 대입하여 구한다.

예제 5. 급수 $\displaystyle\sum_{n=1}^{\infty} \frac{n^2}{2^n}$ 의 합을 구하라.

풀이　테일러 급수가 $\displaystyle\sum_{n=0}^{\infty} n^2 x^n$ 인 함수 $f(x)$ 를 구한 다음 $x = \frac{1}{2}$ 을 대입하면 된다.

x^n 앞에 n^2 이 곱해져 있으므로 $\displaystyle\sum_{n=0}^{\infty} x^n$ 에서 $\displaystyle\sum_{n=0}^{\infty} n^2 x^n$ 을 만들려면 $\displaystyle\sum_{n=0}^{\infty} x^n = \frac{1}{1-x}$ 을 두 번 미분하면 된다.

$$\left(\sum_{n=0}^{\infty} x^n\right)' = \sum_{n=0}^{\infty} nx^{n-1} = \frac{1}{(1-x)^2}, \qquad \left(\sum_{n=0}^{\infty} x^n\right)'' = \sum_{n=0}^{\infty} n(n-1)x^{n-2} = \frac{2}{(1-x)^3}$$

이므로

$$\sum_{n=0}^{\infty} n^2 x^n = x^2 \sum_{n=0}^{\infty} n(n-1)x^{n-2} + x \sum_{n=0}^{\infty} nx^{n-1} = \frac{2x^2}{(1-x)^3} + \frac{x}{(1-x)^2}$$

$x = \frac{1}{2}$ 을 대입하면

$$\sum_{n=1}^{\infty} \frac{n^2}{2^n} = \frac{2\left(\frac{1}{2}\right)^2}{\left(1-\frac{1}{2}\right)^3} + \frac{\frac{1}{2}}{\left(1-\frac{1}{2}\right)^2} = 6$$

♣ 확인 문제

다음 급수의 합을 구하라.

1. $\displaystyle\sum_{n=0}^{\infty} \frac{2^n}{n!}$

2. $\displaystyle\sum_{n=0}^{\infty} \frac{(-1)^n}{2n+1}$

3. $\displaystyle\sum_{n=0}^{\infty} \frac{n(n-1)}{5^n}$

4. $\displaystyle\sum_{n=0}^{\infty} \frac{n}{(n+1)2^n}$

5.4 연습문제

다음 극한값을 구하라.

1. $\displaystyle \lim_{x \to 0} \frac{x - \ln(1 + x)}{x^2}$

2. $\displaystyle \lim_{x \to 0} \frac{1 - \cos x}{1 + x - e^x}$

3. $\displaystyle \lim_{x \to 0} \frac{\sin x - x + \frac{1}{6}x^3}{x^5}$

4. $\displaystyle \lim_{x \to 0} \frac{\tan x - x}{x^3}$

$x = a$에서 함수 $f(x)$의 n차 근사다항식을 구하고, x의 범위가 다음과 같을 때 n차 근사다항식의 오차의 한계를 구하라.

5. $f(x) = \sqrt{x}, \quad a = 4, \ n = 2, \quad 4 \leqq x \leqq 4.2$

6. $f(x) = \sec x, \quad a = 0, \ n = 2, \quad -\dfrac{\pi}{4} \leqq x \leqq \dfrac{\pi}{4}$

7. $f(x) = e^{x^2}, \quad a = 0, \ n = 3, \quad 0 \leqq x \leqq 1$

8. $f(x) = x \sin x, \quad a = 0, \ n = 4, \quad -1 \leqq x \leqq 1$

다음 정적분의 근사값을 오차 0.01 이하로 구하라.

9. $\displaystyle \int_0^{1/2} x^3 \arctan x \, dx$

10. $\displaystyle \int_0^1 \sin x^4 \, dx$

11. $\displaystyle \int_0^{0.4} \sqrt{1 + x^4} \, dx$

12. $\displaystyle \int_0^{1/2} x^2 e^{-x^2} \, dx$

다음 급수의 합을 구하라.

13. $\displaystyle \sum_{n=0}^{\infty} \frac{(-1)^n \pi^{2n}}{6^{2n}(2n)!}$

14. $\displaystyle \sum_{n=1}^{\infty} \frac{(-1)^{n-1} 3^n}{n 5^n}$

15. $\displaystyle \sum_{n=0}^{\infty} \frac{3^n}{5^n n!}$

16. $\displaystyle \sum_{n=0}^{\infty} \frac{(-1)^n \pi^{2n+1}}{4^{2n+1}(2n+1)!}$

17. $\displaystyle \sum_{n=0}^{\infty} \frac{n}{4^n}$

18. $\displaystyle \sum_{n=0}^{\infty} \frac{(-1)^n}{(n+1)3^n}$

연습문제 정답

1.1. 다항함수의 미분법

확인 문제(2쪽)

1. -2

2. $2x - 3$

3. $12x^{11} - 15x^4$

4. $-2x^9 + \dfrac{3}{2}x^2$

확인 문제(3쪽)

1. $12x - 7$

2. $8x^3 - 3x^2 + 2x - 1$

3. $9x^2 + 16x - 4$

4. $-6(4x - 3)(-2x^2 + 3x - 1)^5$

연습문제(4쪽)

1. $4x - 3$

2. $3x^2 - 2x$

3. $-12x^2 - 6x + 6$

4. $8x^3 - 9x^2$

5. $20x^3 - 2x$

6. $12x^3 - 15x^2 + 4x$

7. $35x^4 - 16x + 5$

8. $3x^2 - 2x - 5$

9. $18x^2 - 8x - 18$

10. $8x^2 - 15x^2 + 22x - 6$

11. $3x^2 - 2x + 2$

12. $5x^4 - 8x^3 + 4x - 1$

13. $3x^2 + 6x + 2$

14. $48x^3 - 12x^2 - 22x + 1$

15. $20(2x + 1)^9$

16. $20x(2x^2 - 2)^4$

17. $5(2x - 1)(x^2 - x + 3)^4$

18. $4(-6x + 1)(-3x^2 + x - 1)^3$

19. $5(-4x + 1)(-2x^2 + x + 1)^4$

20. $12x^2 - 28x + 16$

1.2. 유·무리함수의 미분법

확인 문제(5쪽)

1. $4 - \dfrac{1}{x^2} + \dfrac{2}{x^3}$

2. $\dfrac{x^2 - 2x - 2}{(x^2 + 2)^2}$

3. $-\dfrac{5(2x - 3)}{(x^2 - 3x)^6}$

4. $-\dfrac{2(x + 1)(x + 2)}{(2x + 1)^4}$

확인 문제(6쪽)

1. $\dfrac{3x - 2}{2\sqrt{x - 2}}$

2. $\dfrac{4(x - 2)}{(4x - 3)^{3/2}}$

3. $-\dfrac{5x^2 - 4x + 1}{2\sqrt{1 - x}}$

4. $\dfrac{1 + 2x^2}{\sqrt{1 + x^2}} - 2x$

연습문제(7쪽)

1. $-\dfrac{13}{(3x + 1)^2}$

2. $\dfrac{x(x + 2)}{(x + 1)^2}$

3. $\dfrac{1 - 2x}{(x^2 - x + 1)^2}$

4. $-\dfrac{4}{(2x + 1)^3}$

5. $-\dfrac{6x}{(x^2 + 1)^4}$

6. $-\dfrac{3x^2(x^2 - 1)}{(x^2 + 1)^4}$

7. $7\left(1 - \dfrac{1}{x^2}\right)\left(x + \dfrac{1}{x}\right)^6$

8. $\sqrt{2} + \dfrac{\sqrt{3}}{2\sqrt{x}}$

9. $\dfrac{5}{3}x^{2/3} - \dfrac{2}{3}x^{-1/3}$

10. $\dfrac{3x}{\sqrt{3x^2 + 1}}$

11. $1 - \dfrac{x}{\sqrt{4 - x^2}}$

12. $\dfrac{2x}{3(x^2 + 1)^{2/3}}$

13. $\dfrac{4x}{3(x^2 + 2)^{1/3}}$

14. $\dfrac{3x - 1}{2\sqrt{x}}$

15. $\dfrac{3x + 2}{2\sqrt{x + 1}} + \dfrac{1}{2\sqrt{x - 1}}$

16. $\dfrac{\sqrt{x} + 4}{(\sqrt{x} + 2)^2}$

17. $\dfrac{1 - x}{(x^2 + 1)^{3/2}}$

18. $-\dfrac{x^2 - 4x + 1}{(x + 1)^3\sqrt{2x - 1}}$

1.3. 삼각함수의 미분법

확인 문제(8쪽)

1. $12\cos 3x - 1$

2. $\dfrac{x\sec^2\sqrt{x + 1}}{\sqrt{x^2 + 1}}$

3. $-4\csc 4x \cot 4x$

4. $\cos 5x^2 - 10x^2 \sin 5x^2$

5. $3\sec^2 3x$

6. $\dfrac{2x^2\cos x^2 - 2\sin x^2}{x^3}$

확인 문제(9쪽)

1. $\dfrac{3x^2}{\sqrt{-x^3(x^3+2)}}$

2. $\dfrac{1}{2\sqrt{x(1-x)}}$

3. $\dfrac{1}{(2x+2)\sqrt{x}}$

4. $-\dfrac{1}{x^2+1}$

연습문제(10쪽)

1. $6x+2\sin x$

2. $\cos x - \dfrac{1}{2}\csc^2 x$

3. $3x^2\cos x - x^3\sin x$

4. $\cos x + \cos^2 x - \sin^2 x$

5. $\dfrac{\cos x}{2\sqrt{1+\sin x}}$

6. $\dfrac{\sec^2 x}{\sqrt{1+2\tan x}}$

7. $-\dfrac{x\cos\sqrt{1-x^2}}{\sqrt{1-x^2}}$

8. $-\cos x \sin(\sin x)$

9. $4x\sin 2x + (4x^2+2)\cos 2x$

10. $3\sin^2 x(\cos x\cos 3x - \sin x\sin 3x)$

11. $\tan x\sec x + \sec^2 x$

12. $\dfrac{2-\tan x + x\sec^2 x}{(2-\tan x)^2}$

13. $\dfrac{\tan x\sec x}{(1+\sec x)^2}$

14. $\dfrac{\sin x + x(x+1)\cos x}{(x+1)^2}$

15. $\dfrac{1}{(2x^2+2)\sqrt{\arctan x}}$

16. $\dfrac{1}{\sqrt{-x(x+1)}}$

17. $\dfrac{2x-1}{x^4-2x^3+x^2+1}$

18. $\dfrac{1}{2x^2+2}$

19. $-\dfrac{x\arccos x}{\sqrt{1-x^2}} - 1$

20. $\arcsin x$

1.4. 지수·로그함수의 미분법

확인 문제(11쪽)

1. $(2x+4)e^{x^2+4x}$

2. $(x^3+3x^2)e^x$

3. $\dfrac{2\cos(\ln x^2)}{x^2}$

4. $\dfrac{2x\cos x^2}{\sin x^2}$

확인 문제(12쪽)

1. $2e^{2x}\operatorname{sech}^2(1+e^{2x})$

2. $\dfrac{1}{2} - \dfrac{1}{2x^2}$

3. $\sinh x\cosh(\cosh x)$

4. $\coth(1+x^2) - 2x^2\operatorname{csch}^2(1+x^2)$

확인 문제(13쪽)

1. $|\sec x|$

2. $\tanh^{-1} x$

연습문제(14쪽)

1. $\dfrac{5^{-1/x}\ln 5}{x^2}$

2. $\left(x^{3/2}+x+\dfrac{3}{2}\sqrt{x}+1\right)e^x$

3. $\dfrac{(x-2)e^x}{x^3}$

4. $\dfrac{3e^{3x}}{\sqrt{1+2e^{3x}}}$

5. $\dfrac{4e^{2x}}{(1+e^{2x})^2}\sin\dfrac{1-e^{2x}}{1+e^{2x}}$

6. $e^x\sec^2(e^x)+e^{\tan x}\sec^2 x$

7. $\dfrac{3x^2}{(x^3+1)\ln 10}$

8. $\dfrac{2x^2-1}{x^3-x}$

9. $\dfrac{8x^2-x+10}{2x^3+x^2+2x+1}$

10. $\dfrac{1}{5x(\ln x)^{4/5}}$

11. $\dfrac{\cos(\ln x)}{x}$

12. $\cos x\ln 5x+\dfrac{\sin x}{x}$

13. $\dfrac{\ln x+1}{\ln 10}$

14. $x\cosh x$

15. $3e^{\cosh 3x}\sinh 3x$

16. $\tanh x$

17. $-2e^x\operatorname{sech}^2(e^x)\tanh e^x$

18. $-\dfrac{2\sinh x}{(1+\cosh x)^2}$

19. $\dfrac{1}{2\sqrt{x(x-1)}}$

20. $\sinh^{-1}\dfrac{x}{3}$

1.5. 음함수 미분법

확인 문제(15쪽)

1. $-\dfrac{2xy^2-4}{2x^2y+3}$

2. $\dfrac{y}{16y\sqrt{xy}-x}$

3. $\dfrac{16x\sqrt{x+y}-y^2}{4xy+5y^2-2\sqrt{x+y}}$

4. $\dfrac{y^2+3}{(2y^2+6)e^{4y}-y}$

확인 문제(16쪽)

1. $y=-\dfrac{1}{2}x+2$

2. $y=-4x+9$

3. $y=\dfrac{7}{6}x-\dfrac{13}{3}$

4. $y=1$

연습문제(17쪽)

1. $-\dfrac{x^2}{y^2}$

2. $-\dfrac{2x+y}{x-2y}$

3. $-\dfrac{5x^4+4x^3y-3y^2}{x^4-6xy+3y^2}$

4. $-\dfrac{2xy^2+\sin y}{2x^2y+x\cos y}$

5. $\tan x\tan y$

6. $\dfrac{y^2-ye^{x/y}}{y^2-xe^{x/y}}$

7. $-\dfrac{x^4y^4+x^4y^2-2xy+y^2+1}{2x^5y^3-x^2+2xy}$

8. $\dfrac{e^y \sin x + y \cos xy}{e^y \cos x - x \cos xy}$

9. $y = \dfrac{1}{2}x$

10. $y = -x + 2$

11. $y = x + \dfrac{1}{2}$

12. $y = -\dfrac{9}{13}x + \dfrac{40}{13}$

2.1. 접선과 선형근사

확인 문제(20쪽)

1. $y = \dfrac{1}{2}x + \dfrac{1}{2}, \quad 1.1$

2. $y = \dfrac{1}{3}x + 3, \quad \dfrac{89}{30}$

3. $y = 3x, \quad 0.3$

연습문제(21쪽)

1. $y = -10x - 6$

2. $y = \dfrac{1}{4}x + 1$

3. $y = -\dfrac{1}{2}x + 1$

4. $y = x$

5. $y = -8x + 1$

6. 0.95

7. 0.995

8. $\dfrac{59}{60}$

9. $\dfrac{31}{30}$

10. 15.968

11. $\dfrac{3001}{300}$

12. $1 - \dfrac{\pi}{90}$

13. 1

14. 1.06

15. 0.05

2.2. 함수의 그래프

확인 문제(22쪽)

1. $x > -\dfrac{1}{2}$일 때 증가,
   $x < -2, \ -2 < x < -\dfrac{1}{2}$일 때 감소
   극소값 $-\dfrac{11}{16}$
   $x < -2, \ x > -1$일 때 아래로 볼록
   $-2 < x < -1$일 때 위로 볼록

연습문제(23쪽)

1. 모든 실수 x에 대하여 증가
   극대값과 극소값 없음
   $x > 0$일 때 아래로 볼록
   $x < 0$일 때 위로 볼록

2. $x > 1$일 때 증가
   $x < 1$일 때 감소
   극소값 -27
   $x < 2, \ x > 4$일 때 아래로 볼록
   $2 < x < 4$일 때 위로 볼록

3. $x < 1, \ x > 1$일 때 감소
   극대값과 극소값 없음
   $x > 1$일 때 아래로 볼록
   $x < 1$일 때 위로 볼록

4. $x < -3, \ -3 < x < 0$일 때 증가
   $0 < x < 3, \ x > 3$일 때 감소
   극대값 $-\dfrac{1}{9}$
   $x < -3, \ x > 3$일 때 아래로 볼록
   $-3 < x < 3$일 때 위로 볼록

5. $-3 < x < 3$일 때 증가

   $x < -3, x > 3$일 때 감소

   극대값 $\frac{1}{6}$, 극소값 $-\frac{1}{6}$

   $-3\sqrt{3} < x < 0, x > 3\sqrt{3}$일 때 아래로 볼록

   $x < -3\sqrt{3}, 0 < x < 3\sqrt{3}$일 때 위로 볼록

6. $x > 0$일 때 증가, $x < 0$일 때 감소

   극소값 0

   $-1 < x < 1$일 때 아래로 볼록

   $x < -1, x > 1$일 때 위로 볼록

7. $x > 1$일 때 증가

   $0 < x < 1$일 때 감소

   극소값 -2

   $x > 0$일 때 아래로 볼록

8. 모든 실수 x에 대하여 증가

   극대값과 극소값 없음

   $x < 0$일 때 아래로 볼록

   $x > 0$일 때 위로 볼록

9. $-1 < x < 0, 0 < x < 1$일 때 감소

   극대값과 극소값 없음

   $-1 < x < -\frac{\sqrt{2}}{\sqrt{3}}, 0 < x < \frac{\sqrt{2}}{\sqrt{3}}$일 때 아래로 볼록

   $-\frac{\sqrt{2}}{\sqrt{3}} < x < 0, \frac{\sqrt{2}}{\sqrt{3}} < x < 1$일 때 위로 볼록

10. $0 < x < \frac{\pi}{2}$일 때 증가

    $\frac{\pi}{2} < x < \pi$일 때 감소

    극대값 1

    $0 < x < \arcsin\frac{\sqrt{2}}{\sqrt{3}}, \pi - \arcsin\frac{\sqrt{2}}{\sqrt{3}} < x < \pi$일 때 아래로 볼록

    $\arcsin\frac{\sqrt{2}}{\sqrt{3}} < x < \pi - \arcsin\frac{\sqrt{2}}{\sqrt{3}}$일 때 위로 볼록

11. $0 < x < \frac{\pi}{2}$일 때 증가

    $-\frac{\pi}{2} < x < 0$일 때 감소

    극소값 0

    $-\frac{\pi}{2} < x < \frac{\pi}{2}$일 때 아래로 볼록

12. $\frac{\pi}{3} < x < \frac{5}{3}\pi, \frac{7}{3}\pi < x < 3\pi$일 때 증가

    $0 < x < \frac{\pi}{3}, \frac{5}{3}\pi < x < \frac{7}{3}\pi$일 때 감소

    극대값 $\frac{5}{6}\pi + \frac{\sqrt{3}}{2}$

    극소값 $\frac{\pi}{6} - \frac{\sqrt{3}}{2}, \frac{7}{6}\pi - \frac{\sqrt{3}}{2}$

    $0 < x < \pi, 2\pi < x < 3\pi$일 때 아래로 볼록

    $\pi < x < 2\pi$일 때 위로 볼록

13. $-\pi < x < \pi$일 때 증가

    극대값과 극소값 없음

    $0 < x < \pi$일 때 아래로 볼록

    $-\pi < x < 0$일 때 위로 볼록

14. 모든 실수 x에 대하여 증가

    극대값과 극소값 없음

    $x < 0$일 때 아래로 볼록

    $x > 0$일 때 위로 볼록

15. $x > 1$일 때 증가

    $0 < x < 1$일 때 감소

    극소값 1

    $x > 0$일 때 아래로 볼록

16. 모든 실수 x에 대하여 감소

    극대값과 극소값 없음

    $x > -\ln 2$일 때 아래로 볼록

    $x < -\ln 2$일 때 위로 볼록

17. $x < -1, x > 0$일 때 증가

    $-1 < x < 0$일 때 감소

    극대값 $-e$

$x > 0$일 때 아래로 볼록

$x < 0$일 때 위로 볼록

18. $x > \frac{1}{5}\ln\frac{2}{3}$ 일 때 증가

$x < \frac{1}{5}\ln\frac{2}{3}$ 일 때 감소

극소값 $\left(\frac{2}{3}\right)^{3/5} + \left(\frac{2}{3}\right)^{-2/5}$

모든 실수 x에 대하여 아래로 볼록

2.3. 최대값과 최소값

확인 문제(24쪽)

1. $3, -1$

2. $1, \dfrac{1}{e^4}$

3. $0, -12$

4. $\dfrac{1}{2}, 0$

확인 문제(25쪽)

1. 120

2. 600

연습문제(26쪽)

1. $5, -7$

2. $8, -19$

3. $33, -31$

4. $\dfrac{26}{5}, 2$

5. $2, -\sqrt{3}$

6. $\dfrac{3\sqrt{3}}{2}, 0$

7. $\dfrac{2}{\sqrt{e}}, -\dfrac{1}{e^{1/8}}$

8. $\ln 3, \ln\dfrac{3}{4}$

9. 600

10. 4000

11. $\left(-\dfrac{6}{5}, \dfrac{3}{5}\right)$

12. $\left(-\dfrac{1}{3}, \dfrac{4\sqrt{2}}{3}\right), \left(-\dfrac{1}{3}, -\dfrac{4\sqrt{2}}{3}\right)$

13. $\dfrac{L}{2}, \dfrac{\sqrt{3}}{4}L$

14. $\sqrt{3}r, \dfrac{3}{2}r$

15. $(1+\sqrt{5})\pi r^2$

16. $\sqrt[3]{\dfrac{V}{\pi}}, \sqrt[3]{\dfrac{V}{\pi}}$

2.4. 로피탈의 정리

확인 문제(27쪽)

1. 1

2. $-\dfrac{1}{6}$

연습문제(28쪽)

1. -2

2. $-\dfrac{1}{3}$

3. $-\infty$

4. 2

5. $\dfrac{1}{4}$

6. π

7. 3

8. 0

9. $-\dfrac{2}{\pi}$

10. $\dfrac{1}{2}$

11. $\dfrac{1}{2}$

12. ∞

13. $\ln\dfrac{7}{5}$

14. 1

15. $\dfrac{1}{e^2}$

16. $\dfrac{1}{e}$

17. 1

18. e^4

3.1. 부정적분

확인 문제(31쪽)

1. $3\ln|x| + \dfrac{4}{x} + C$

2. $\dfrac{2}{5}x^{5/2} - \dfrac{4}{3}x^{3/2} + C$

3. $\dfrac{x + \sin x}{2} + C$

4. $x + \cos x + C$

확인 문제(32쪽)

1. $e^x - 2x^2 + 2x + C$

2. $\dfrac{10^{x+2}}{\ln 10} + C$

3. $\dfrac{4^x}{\ln 4} + \dfrac{2^x}{\ln 2} + C$

4. $e^x - 2\ln|x| + C$

연습문제(33쪽)

1. $x^3 + 3x^2 - 5x + C$

2. $\dfrac{1}{3}x^3 + \dfrac{1}{2}x^2 + x + C$

3. $\dfrac{2}{5}x^{5/2} - 2x^{3/2} + 4\sqrt{x} + C$

4. $\dfrac{1}{4}x^4 + \dfrac{3}{2}x^2 + 3\ln|x| - \dfrac{1}{2x^2} + C$

5. $\dfrac{6}{11}x^{11/6} + \dfrac{3}{4}x^{4/3} + C$

6. $\tan x + x + C$

7. $2\sin x + C$

8. $\dfrac{x - \sin x}{2} + C$

9. $\tan x + C$

10. $\dfrac{5}{2}x^2 - \dfrac{5^x}{\ln 5} + C$

11. $e^x - 3\cos x + C$

12. $-\cos x + \cosh x + C$

13. $2x + C$

14. $4e^x - 3\tan x + C$

15. $e^x + \cos x + C$

3.2. 치환적분법

확인 문제(35쪽)

1. $\dfrac{1}{22}(1-x)^{22} - \dfrac{1}{21}(1-x)^{21} + C$

2. $\dfrac{2}{3}(x-5)\sqrt{x+1} + C$

3. $\dfrac{5^{3x+2}}{\ln 125} + C$

4. $2\sqrt{x^3+1} + C$

5. $\dfrac{1}{3}(1+\sin x)^3 + C$

6. $\dfrac{2}{3}(\sin x)^{3/2} + C$

7. $\ln|1 + \tan x| + C$

8. $\dfrac{1}{2}e^{x^2+1} + C$

9. $2e^{\sqrt{x}} + C$

10. $\ln|\ln x| + C$

확인 문제(36쪽)

1. $\dfrac{1}{2}x - \dfrac{1}{4}\sin 2x + C$

2. $\sin x - \dfrac{2}{3}\sin^3 x + C$

3. $x - \dfrac{1}{2}\cos 2x + C$

4. $\tan x + \sec x - x + C$

확인 문제(37쪽)

1. $\tan x - x + C$

2. $\dfrac{1}{3}\sec^3 x + C$

연습문제(38쪽)

1. $\dfrac{1}{63}(3x - 2)^{21} + C$

2. $\dfrac{1}{15}(x^3 + 3x)^5 + C$

3. $-\dfrac{1}{3}\ln|5 - 3x| + C$

4. $\dfrac{1}{3}(2x + x^2)^{3/2} + C$

5. $-\dfrac{1}{\pi}\cos \pi x + C$

6. $-\dfrac{1}{2}\cos x^2 + C$

7. $-\dfrac{1}{\ln 5}\cos 5^x + C$

8. $-\csc x + C$

9. $-\ln(1 + \cos^2 x) + C$

10. $\ln|\sin x| + C$

11. $\dfrac{1}{4}\tan^4 x + C$

12. $\dfrac{1}{1 - e^x} + C$

13. $\dfrac{2}{3}(1 + e^x)^{3/2} + C$

14. $e^{\tan x} + C$

15. $\dfrac{1}{3}(\ln x)^3 + C$

3.3. 부분적분법

확인 문제(40쪽)

1. $x\sin x + \cos x + C$

2. $\dfrac{1}{4}(2x - 1)e^{2x} + C$

3. $\dfrac{1}{9}x^3(3\ln x - 1) + C$

4. $-\dfrac{1}{27}(9x^2 + 6x + 2)e^{-3x} + C$

연습문제(41쪽)

1. $\dfrac{1}{5}x\sin 5x + \dfrac{1}{25}\cos 5x + C$

2. $2(x - 2)e^{x/2} + C$

3. $(x^2 + 2x - 2)\sin x + (2x + 2)\cos x + C$

4. $x\ln\sqrt[3]{x} - \dfrac{1}{3}x + C$

5. $x \arctan 4x - \dfrac{1}{8} \ln(1 + 16x^2) + C$

6. $\dfrac{1}{2} x \tan 2x - \dfrac{1}{4} \ln |\sec 2x| + C$

7. $x(\ln x)^2 - 2x \ln x + 2x + C$

8. $\dfrac{1}{13} e^{2x}(2 \sin 3x - 3 \cos 3x) + C$

9. $(x^3 - 3x^2 + 6x - 6)e^x + C$

10. $\dfrac{e^{2x}}{4(2x + 1)} + C$

11. $\sin x(\ln(\sin x) - 1) + C$

12. $2\sqrt{x} \sin \sqrt{x} + 2 \cos \sqrt{x} + C$

13. $\dfrac{1}{2} x^2 \sin x^2 + \dfrac{1}{2} \cos x^2 + C$

14. $\dfrac{1}{2}(x^2 - 1) \ln(1 + x) - \dfrac{1}{4} x^2 + \dfrac{1}{2} x + C$

15. $\dfrac{1}{5}(1 + x^2)^{5/2} - \dfrac{1}{3}(1 + x^2)^{3/2} + C$

3.4. 유리함수의 적분법

확인 문제(43쪽)

1. $3 \ln |x + 1| - 2 \ln |1 - x| + C$

2. $4 \ln |2 - x| + 2 \ln |x + 1| + C$

3. $\dfrac{3}{2} \ln |2x + 1| - \dfrac{2}{3} \ln |7 - 3x| + C$

4. $-\dfrac{1}{4} \ln |x| + \dfrac{1}{4} \ln |x + 2| - \dfrac{3}{2(x + 2)} + C$

5. $\dfrac{2}{3} x - \dfrac{1}{2} \ln |5 - 2x| + \dfrac{5}{9} \ln |3x + 2| + C$

6. $2 \ln |x + 1| - \dfrac{1}{x + 1} + C$

확인 문제(44쪽)

1. $2 \ln |x| - \ln(x^2 + 1) + \arctan x + C$

2. $\ln |x| + \dfrac{1}{2} \ln(x^2 + 4) - \dfrac{1}{2} \arctan \dfrac{x}{2} + C$

3. $x - 2 \ln |x| + 2 \arctan(x + 1) + C$

4. $3x + 2 \ln |1 - x| + \dfrac{1}{2} \ln(x^2 + 1)$
   $- 2 \arctan x + C$

확인 문제(45쪽)

1. $\dfrac{1}{2} \ln |1 - \sqrt{x + 3}|$
   $+ \dfrac{3}{2} \ln |\sqrt{x + 3} + 3| + C$

2. $\dfrac{1}{2} \ln |1 - \cos x| - \dfrac{1}{2} \ln |1 + \cos x| + C$

3. $x - \ln(e^x + 1) + C$

4. $x - \dfrac{1}{2} \ln(e^{2x} + 1) + C$

연습문제(46쪽)

1. $x + 6 \ln |x - 6| + C$

2. $2 \ln |x + 5| - \ln |x - 2| + C$

3. $10 \ln |x - 3| - 9 \ln |x - 2| + \dfrac{5}{x - 2} + C$

4. $\dfrac{1}{2} x^2 - 2 \ln(x^2 + 4) + 2 \arctan \dfrac{x}{2} + C$

5. $\ln |x - 1| - \dfrac{1}{2} \ln(x^2 + 9)$
   $- \dfrac{1}{3} \arctan \dfrac{x}{3} + C$

6. $-2 \ln |x + 1| + \ln(x^2 + 1)$
   $+ 2 \arctan x + C$

7. $\dfrac{1}{2} \ln(x^2 + 1) + \dfrac{1}{\sqrt{2}} \arctan \dfrac{x}{\sqrt{2}} + C$

8. $\dfrac{1}{2}\ln(x^2+2x+5)$
$+\dfrac{3}{2}\arctan\dfrac{x+1}{2}+C$

9. $\dfrac{1}{3}\ln|x-1|-\dfrac{1}{6}\ln(x^2+x+1)$
$-\dfrac{1}{\sqrt{3}}\arctan\dfrac{2x+1}{\sqrt{3}}+C$

10. $\dfrac{1}{16}\ln|x|-\dfrac{1}{32}\ln(x^2+4)$
$+\dfrac{1}{8(x^2+4)}+C$

11. $\dfrac{7\sqrt{2}}{8}\arctan\dfrac{x-2}{\sqrt{2}}$
$+\dfrac{3x-8}{4(x^2-4x+6)}+C$

12. $-2\ln\sqrt{x}-\dfrac{2}{\sqrt{x}}+2\ln(1+\sqrt{x})+C$

13. $4\sqrt{1+\sqrt{x}}+2\ln\left(\sqrt{1+\sqrt{x}}-1\right)$
$-2\ln\left(\sqrt{1+\sqrt{x}}+1\right)+C$

14. $-\dfrac{1}{2}\arctan(\cos 2x)+C$

15. $\dfrac{1}{2}\ln(e^{2x}+1)+C$

3.5. 삼각치환법

확인 문제(48쪽)

1. $-\dfrac{\sqrt{9-x^2}}{9x}+C$

2. $8\arcsin\dfrac{x}{4}-\dfrac{1}{2}x\sqrt{16-x^2}+C$

3. $\dfrac{1}{2}x\sqrt{x^2+9}-\dfrac{9}{2}\ln\dfrac{x+\sqrt{x^2+9}}{3}+C$

4. $\dfrac{1}{2}x\sqrt{x^2+16}+8\ln\dfrac{x+\sqrt{x^2+16}}{4}+C$

연습문제(49쪽)

1. $-\dfrac{\sqrt{9-x^2}}{x}-\arcsin\dfrac{x}{3}+C$

2. $\sqrt{x^2+4}+C$

3. $\ln\left|x+\sqrt{x^2-1}\right|+C$

4. $\dfrac{\sqrt{x^2-9}}{9x}+C$

5. $\dfrac{1}{3}(x^2-18)\sqrt{x^2+9}+C$

6. $\ln\left(x+\sqrt{x^2+16}\right)+C$

7. $\dfrac{1}{4}\arcsin 2x+\dfrac{1}{2}x\sqrt{1-4x^2}+C$

8. $\dfrac{1}{6}\arccos\dfrac{3}{x}-\dfrac{\sqrt{x^2-9}}{2x^2}+C$

9. $\sqrt{x^2-7}+C$

10. $\ln\left|\dfrac{\sqrt{1+x^2}-1}{x}\right|+\sqrt{1+x^2}+C$

11. $\dfrac{9}{2}\arcsin\dfrac{x-2}{3}$
$+\dfrac{1}{2}(x-2)\sqrt{5+4x-x^2}+C$

12. $\sqrt{x^2+x+1}$
$-\dfrac{1}{2}\ln\left(x+\dfrac{1}{2}+\sqrt{x^2+x+1}\right)+C$

13. $\dfrac{1}{2}(x+1)\sqrt{x^2+2x}$
$-\dfrac{1}{2}\ln\left|x+1+\sqrt{x^2+2x}\right|+C$

14. $\dfrac{1}{4}\arcsin x^2+\dfrac{1}{4}x^2\sqrt{1-x^4}+C$

15. $\dfrac{1}{2}\arcsin x+\dfrac{1}{2}x\sqrt{1-x^2}+C$

4.1. 정적분

확인 문제(52쪽)

1. $\dfrac{1}{18}$

2. $\dfrac{16}{15}$

3. $\dfrac{2}{3}$

4. $\dfrac{1}{2}(\ln 3 + \ln(e-1) - \ln(e+1))$

5. $\dfrac{\pi^2}{4} - 2$

6. $\dfrac{e^2 - 1}{4}$

7. $\ln 4 - 1$

8. $1 - \dfrac{2}{e}$

연습문제(53쪽)

1. $\dfrac{1}{3}(\sqrt{2} - 1)(4^{1+\sqrt{2}} - 1)$

2. $4 - \ln 9$

3. $e^{\pi/4} - e^{-\pi/4}$

4. $\dfrac{1}{25}(243 \ln 243 - 242)$

5. $-\dfrac{1}{3} \ln 5$

6. $\dfrac{\pi}{8} - \dfrac{1}{4}$

7. $\dfrac{\pi^2}{4}$

8. $2e(e-1)$

9. $\dfrac{4097}{45}$

10. $12 + \ln 9$

11. $\dfrac{1}{2} \ln \dfrac{32}{9}$

12. $\dfrac{1}{4}$

13. $\dfrac{\pi}{12}$

14. $\dfrac{1}{8}(\ln 3)^2$

15. $\sqrt{2} - \dfrac{2}{\sqrt{3}} + \ln(2 + \sqrt{3}) - \ln(1 + \sqrt{2})$

4.2. 특이적분

확인 문제(55쪽)

1. $\dfrac{1}{36}$

2. $\dfrac{\pi}{3\sqrt{3}}$

3. $\dfrac{2}{e}$

4. $\dfrac{7}{9e^6}$

5. $\ln 2$

6. 발산

7. 발산

8. 0

확인 문제(57쪽)

1. 2

2. 발산

3. $\dfrac{\pi}{2}$

4. 발산

연습문제(58쪽)

1. 2

2. 발산

3. $\dfrac{1}{5e^{10}}$

4. 발산

5. 0

6. 발산

7. 발산

8. $-\dfrac{1}{4}$

9. 발산

10. $\dfrac{\pi}{9}$

11. $\dfrac{1}{2}$

12. 발산

13. $\dfrac{32}{3}$

14. 발산

15. $\dfrac{9}{2}$

4.3. 넓이, 부피, 길이, 겉넓이

확인 문제(59쪽)

1. $\dfrac{40}{3}$

2. $5 - \dfrac{1}{e^2}$

3. $\dfrac{64}{3}$

4. $\dfrac{27}{4}$

확인 문제(60쪽)

1. $\dfrac{80}{3}\pi,\ \ 16\pi$

2. $\dfrac{32}{15}\pi,\ \ \dfrac{5}{6}\pi$

3. $\dfrac{5}{6}\pi,\ \ \dfrac{64}{15}\pi$

확인 문제(61쪽)

1. $\dfrac{\sqrt{5}}{2} + \dfrac{1}{4}\ln(2 + \sqrt{5})$

2. $2\sqrt{5}$

3. $\dfrac{1}{54}(73\sqrt{73} - 37\sqrt{37})$

4. $\dfrac{33}{16}$

5. $\dfrac{10}{3}$

확인 문제(62쪽)

1. $(2\sqrt{5} - \sqrt{2} + \ln(2 + \sqrt{5}) - \ln(1 + \sqrt{2}))\pi$

2. $\dfrac{\pi}{6}(5\sqrt{5} - 1)$

연습문제(63쪽)

1. $e - \dfrac{1}{e} + \dfrac{4}{3}$

2. $\dfrac{1}{6}$

3. $\ln 2 - \dfrac{1}{2}$

4. $\dfrac{8}{3}$

5. 72

6. $e - 2$

7. $\dfrac{32}{3}$

8. $\dfrac{2}{\pi} + \dfrac{2}{3}$

9. $2 - 2\ln 2$

10. $\dfrac{1}{2}$

11. $\dfrac{59}{12}$

12. $\ln 2$

13. $\dfrac{19}{12}\pi$

14. $\dfrac{\pi}{2}$

15. $\dfrac{4}{21}\pi$

16. 162π

17. $\dfrac{64}{15}\pi$

18. $\dfrac{2}{243}(82\sqrt{82} - 1)$

19. $\dfrac{1261}{240}$

20. $\dfrac{32}{3}$

21. $\ln(1 + \sqrt{2})$

22. $\dfrac{3}{4} + \dfrac{1}{2}\ln 2$

23. $\ln 3 - \dfrac{1}{2}$

24. $\dfrac{\pi}{27}(145\sqrt{145} - 1)$

25. $\dfrac{98}{3}\pi$

26. $2\sqrt{1 + \pi^2} + \dfrac{2}{\pi}\ln\left(\pi + \sqrt{1 + \pi^2}\right)$

27. $\dfrac{21}{2}\pi$

28. $\dfrac{\pi}{27}(145\sqrt{145} - 10\sqrt{10})$

29. πa^2

5.1. 급수의 수렴판정

확인 문제(66쪽)

1. 수렴

2. 발산

3. 수렴

4. 수렴

확인 문제(67쪽)

1. 수렴

2. 발산

3. 발산

4. 수렴

확인 문제(68쪽)

1. 수렴

2. 발산

3. 수렴

4. 수렴

확인 문제(69쪽)

1. 수렴

2. 수렴

3. 수렴

4. 발산

확인 문제(71쪽)

1. 발산

2. 수렴

3. 수렴

4. 발산

5. 발산

6. 수렴

확인 문제(73쪽)

1. 수렴

2. 수렴

3. 수렴

4. 발산

5. 발산

6. 발산

연습문제(74쪽)

1. 수렴

2. 발산

3. 수렴

4. 발산

5. 수렴

6. 수렴

7. 수렴

8. 수렴

9. 수렴

10. 수렴

11. 발산

12. 발산

13. 수렴

14. 수렴

15. 수렴

16. 발산

17. 수렴

18. 수렴

19. 발산

20. 수렴

5.2. 멱급수

확인 문제(76쪽)

1. $\infty, (-\infty, \infty)$

2. $4, (-4, 4)$

3. $3, (-2, 4]$

4. $0, \{-1\}$

5. $\dfrac{1}{2}, (1, 2)$

6. $\dfrac{1}{8}, \left[-\dfrac{5}{8}, -\dfrac{3}{8} \right)$

연습문제(77쪽)

1. $1, (-1, 1)$

2. $1, [-1, 1)$

3. $\infty, (-\infty, \infty)$

4. $2, (-2, 2)$

5. $\dfrac{1}{3}, \left[-\dfrac{1}{3}, \dfrac{1}{3} \right]$

6. $4, (-4, 4]$

7. $1, [1,3]$

8. $\dfrac{1}{3}, \left[-\dfrac{13}{3}, -\dfrac{11}{3}\right)$

9. $\infty, (-\infty, \infty)$

10. $0, \left\{\dfrac{1}{2}\right\}$

11. $\dfrac{1}{5}, \left[\dfrac{3}{5}, 1\right]$

12. $\infty, (-\infty, \infty)$

5.3. 테일러 급수

확인 문제(78쪽)

1. $\displaystyle\sum_{n=0}^{\infty}(-1)^n(x-1)^n$

2. $4 + \dfrac{1}{8}(x-16) - \dfrac{1}{512}(x-16)^2$
   $\qquad + \dfrac{1}{16384}(x-16)^3 - \cdots$

3. $\displaystyle\sum_{n=0}^{\infty}\dfrac{1}{n!}(x-1)^n$

4. $1 + \displaystyle\sum_{n=1}^{\infty}\dfrac{(-1)^{n+1}}{ne^n}(x-e)^n$

확인 문제(80쪽)

1. $\dfrac{1}{2}\displaystyle\sum_{n=0}^{\infty}\dfrac{(-1)^n}{4^n}x^n$

2. $2\displaystyle\sum_{n=0}^{\infty}x^{3n+1}$

3. $\displaystyle\sum_{n=0}^{\infty}\left((-1)^{n+1} - \dfrac{1}{2^{n+1}}\right)x^n$

4. $-\displaystyle\sum_{n=0}^{\infty}\left(2 + \dfrac{1}{2^{n+1}}\right)x^n$

5. $\displaystyle\sum_{n=0}^{\infty}\dfrac{n(n-1)}{2^{n+2}}x^{n+1}$

6. $\displaystyle\sum_{n=0}^{\infty}n^2 x^n$

확인 문제(81쪽)

1. $\displaystyle\sum_{n=0}^{\infty}\dfrac{1+2(-1)^n}{n!}x^n$

2. $\displaystyle\sum_{n=0}^{\infty}\dfrac{1}{(2n)!}x^{2n}$

3. $\ln 4 + \displaystyle\sum_{n=0}^{\infty}\dfrac{(-1)^n}{(n+1)4^{n+1}}x^{2n+2}$

4. $\displaystyle\sum_{n=0}^{\infty}\dfrac{(-1)^n}{2n+1}x^{6n+5}$

5. $x + \dfrac{1}{2}x^2 + \dfrac{1}{3}x^3 + \dfrac{3}{40}x^5 + \cdots$

6. $1 + \dfrac{1}{2}x^2 + \dfrac{5}{24}x^4 + \dfrac{61}{720}x^6 + \cdots$

연습문제(82쪽)

1. $-1 - 2(x-1) + 3(x-1)^2$
   $\qquad + 4(x-1)^3 + (x-1)^4$

2. $\ln 2 + \displaystyle\sum_{n=1}^{\infty}\dfrac{(-1)^{n+1}}{n2^n}(x-2)^n$

3. $e^6 \displaystyle\sum_{n=0}^{\infty}\dfrac{2^n}{n!}(x-3)^n$

4. $\displaystyle\sum_{n=0}^{\infty}\dfrac{(-1)^{n+1}}{(2n)!}(x-\pi)^{2n}$

5. $\displaystyle\sum_{n=0}^{\infty}(-1)^n x^n$

6. $\displaystyle\sum_{n=0}^{\infty}\dfrac{2}{3^{n+1}}x^n$

7. $\displaystyle\sum_{n=0}^{\infty} \frac{(-1)^n}{9^{n+1}} x^{2n+1}$

8. $1 + 2\displaystyle\sum_{n=1}^{\infty} x^n$

9. $\ln 5 - \displaystyle\sum_{n=1}^{\infty} \frac{1}{n5^n} x^n$

10. $\displaystyle\sum_{n=0}^{\infty} \frac{n+1}{2^{n+2}} x^{n+3}$

11. $\displaystyle\sum_{n=0}^{\infty} \frac{(-1)^n}{16^{n+1}} x^{2n+1}$

12. $\displaystyle\sum_{n=0}^{\infty} \frac{(-1)^n + 1}{n+1} x^{n+1}$

13. $\displaystyle\sum_{n=0}^{\infty} \frac{(\ln 2)^n}{n!} x^n$

14. $\displaystyle\sum_{n=0}^{\infty} \frac{2^n + 1}{n!} x^n$

15. $\displaystyle\sum_{n=0}^{\infty} \frac{(-1)^n}{(2n)!4^n} x^{4n+1}$

16. $\displaystyle\sum_{n=1}^{\infty} \frac{(-1)^{n+1}2^{2n-1}}{(2n)!} x^{2n}$

17. $\displaystyle\sum_{n=0}^{\infty} \frac{(-1)^n}{(2n)!} x^{4n}$

18. $\displaystyle\sum_{n=0}^{\infty} \frac{(-1)^n}{n!} x^{n+1}$

19. $1 - \dfrac{3}{2}x^2 + \dfrac{25}{24}x^4 - \dfrac{331}{720}x^6 + \cdots$

20. $1 + \dfrac{1}{6}x^2 + \dfrac{7}{360}x^4 + \dfrac{31}{15120}x^6 + \cdots$

5.4. 테일러 급수의 응용

확인 문제(83쪽)

1. $-\dfrac{1}{2}$

2. $\dfrac{1}{24}$

3. $-\dfrac{1}{2}$

4. 1

확인 문제(85쪽)

1. $\dfrac{1}{2} + \dfrac{\sqrt{3}}{2}\left(x - \dfrac{\pi}{6}\right) - \dfrac{1}{4}\left(x - \dfrac{\pi}{6}\right)^2$
$- \dfrac{1}{4\sqrt{3}}\left(x - \dfrac{\pi}{6}\right)^3 + \dfrac{1}{48}\left(x - \dfrac{\pi}{6}\right)^4,$
$\dfrac{\pi^5}{933120}$

2. $\ln 3 + \dfrac{2}{3}(x-1) - \dfrac{2}{9}(x-1)^2 + \dfrac{8}{81}$
$(x-1)^3, \quad \dfrac{1}{64}$

3. 1.05

4. 4.125

5. 1

6. 0.05

확인 문제(86쪽)

1. 0.9

2. $\dfrac{26}{35}$

3. $\dfrac{5}{48}$

4. $\dfrac{4}{9}$

확인 문제(87쪽)

1. e^2

2. $\dfrac{\pi}{4}$

3. $\dfrac{5}{32}$

4. $2 - \ln 4$

연습문제(88쪽)

1. $\dfrac{1}{2}$

2. -1

3. $\dfrac{1}{120}$

4. $\dfrac{1}{3}$

5. $2 + \dfrac{1}{4}(x-4) - \dfrac{1}{64}(x-4)^2$, $\dfrac{1}{64000}$

6. $1 + \dfrac{1}{2}x^2$, $\dfrac{11\sqrt{2}}{384}\pi^3$

7. $1 + x^2$, $\dfrac{19}{6}e$

8. $x^2 - \dfrac{1}{6}x^4$, $\dfrac{5\sin 1 + \cos 1}{120}$

9. 0

10. $\dfrac{73}{390}$

11. 0.4

12. $\dfrac{1}{24}$

13. $\dfrac{\sqrt{3}}{2}$

14. $\ln \dfrac{8}{5}$

15. $e^{3/5}$

16. $\dfrac{1}{\sqrt{2}}$

17. $\dfrac{4}{9}$

18. $3\ln \dfrac{4}{3}$

지은이
_____

김경률

서울대학교 경제학과

bir1104@snu.ac.kr

5일 만에 끝내는 미적분학 1

초판 1쇄 발행   2021년 10월 30일

지은이   김경률
펴낸곳   도서출판 계승
펴낸이   임지윤

출판등록   제2016-000036호

주소   13600 경기도 성남시 분당구 백현로 227
대표전화   031-714-0783

제작처   서울대학교출판문화원
주소   08826 서울특별시 관악구 관악로 1
전화   02-880-5220

ISBN 979-11-958071-9-2   93410